Yasser Abderrahim KHACHAI

Estudo de perovskitas amigas do ambiente

Yasser Abderrahim KHACHAI

Estudo de perovskitas amigas do ambiente

Estudo das propriedades físicas de perovskitas sem chumbo baseadas em halogéneos CsSnX3 (X=Cl,Br)

ScienciaScripts

Cover image: www.ingimage.com

This book is a translation from the original published under ISBN 978-620-6-71908-3.

Publisher:
Sciencia Scripts
is a trademark of
Dodo Books Indian Ocean Ltd. and OmniScriptum S.R.L publishing group

120 High Road, East Finchley, London, N2 9ED, United Kingdom
Str. Armeneasca 28/1, office 1, Chisinau MD-2012, Republic of Moldova, Europe
Managing Directors: Ieva Konstantinova, Victoria Ursu
info@omniscriptum.com

Printed at: see last page
ISBN: 978-620-8-59451-0

Conteúdo

Dedicação

Dedico este trabalho
Aos meus queridos pais
Para a minha mulher
Aos meus irmãos e irmãs
Para toda a minha família
A todos os meus entes queridos

Obrigado

Agradeço a Alá por me ter dado a vontade e a paciência concluir este trabalho.

Esta tese foi realizada ***no Laboratoire de Physique de la Matière Condensée et du Développement Durable (LMCDD)*** sob a direção do ***Professor Chahed Abbes***, a quem gostaria de agradecer muito por me ter permitido realizar o meu trabalho de investigação no laboratório durante este ano, onde passei momentos muito marcantes no caminho da investigação científica, momentos inesquecíveis na minha vida durante os quais aprendi muito e durante os quais tive a minha primeira experiência.

Gostaria de agradecer ao meu orientador, ***o Professor Rozale Habib***, pela sua contribuição científica, pelo seu acompanhamento constante, pelos seus conselhos judiciosos e, acima de tudo, pela sua paciência para comigo. Agradeço-lhe a sua generosidade durante todo o meu trabalho, a sua ajuda e, sobretudo, a sua compreensão.

Gostaria de agradecer aos membros do júri que distinguiram a minha tese. Em primeiro lugar, gostaria de agradecer ao presidente do júri***, o Professor Y. A*** da Universidade Djillali Liabes de Sidi Bel Abbes, que me honrou presidindo ao júri da minha tese. Gostaria também de agradecer ao ***Professor Khenata Rabah*** da Universidade de Mascara por ter aceitado julgar esta tese de doutoramento.

Finalmente, não posso terminar estas palavras de agradecimento sem pensar em toda a minha família, especialmente nos ***meus pais e na minha mulher.***

Resumo

Neste estudo, sistematicamente as propriedades físicas dos compostos $CsSnX_3$ (X = Cl, Br) utilizando o método FP-LAPW com as aproximações GGA e GGA + mBJ. Os compostos estudados exibem caraterísticas de semicondutores de bandgap direto com mistura iono-covalente nas ligações $CsSnX_3$. Em particular, o $CsSnCl_3$ e o $CsSnBr_3$ apresentam uma absorção de luz e uma condutividade ótica excepcionais, o que os torna adequados para uma aplicação específica. As constantes elásticas dos compostos e vários módulos foram determinados pela primeira vez. No que respeita ao modelo termodinâmico, os materiais de perovskite exibem consistentemente propriedades termodinâmicas como a capacidade térmica, a temperatura de Debye e a constante de Grüneisen numa gama de pressões e temperaturas. Os cálculos das propriedades de transporte utilizando o código BoltzTrap revelam um elevado coeficiente de mérito, próximo da unidade para o $CsSnX_3$ (Cl, Br) à temperatura ambiente, sublinhando o seu potencial para aplicações termoeléctricas. Globalmente, as perovskitas $CsSnX_3$ (Cl, Br) apresentam propriedades físicas e compatibilidade ambiental notáveis, tornando-as promissoras candidatas a aplicações optoelectrónicas e termoeléctricas.

Introdução geral

Introdução geral

O domínio da ciência dos materiais representa um desafio interdisciplinar significativo. A investigação sobre materiais novos e existentes recorre a uma variedade de disciplinas, incluindo a física, a química, a biologia, a mineralogia e a geologia. Um objetivo comum e importante para os cientistas neste domínio é compreender as relações entre a composição e as caraterísticas dos materiais e procurar as propriedades ideais. Os métodos de simulação têm desempenhado um papel crucial na determinação das diferentes propriedades dos materiais, trazendo uma nova dimensão à compreensão científica de muitos fenómenos físicos e químicos. Atualmente, vários métodos computacionais servem ferramentas fundamentais para o cálculo das propriedades de sistemas complexos, nomeadamente o método computacional ab-initio. O fundamento essencial da Teoria do Funcional da Densidade (DFT) baseia-se nos princípios estabelecidos pelo teorema de Hohenberg-Kohn (1964) [1]. Nalguns casos, estes métodos têm

poderiam potencialmente substituir experiências que são difíceis e dispendiosas de realizar. Por conseguinte, foram envidados esforços para melhorar a compreensão da organização da matéria à escala atómica e para criar muitos dos materiais atualmente utilizados indústria, bem como para calcular rapidamente as propriedades de vários materiais. Os recentes avanços tecnológicos abriram caminho para a criação de materiais cristalinos com as caraterísticas desejadas, adequados para utilização variedade de sectores, incluindo a eletrónica (optoelectrónica), a spintrónica [2-5], a medicina, a supercondutividade, a ressonância nuclear e eletrónica, a exploração da estrutura molecular, a fotónica e a energia fotovoltaica.

Alguns materiais cristalinos têm aplicações especializadas na produção de díodos, rectificadores, cintiladores, células fotovoltaicas, contadores de partículas e gaussímetros. Entre as várias substâncias cristalinas, os semicondutores são de importância significativa devido à sua capacidade de serem diretamente modificados e melhorados por dopagem. Esta caraterística abre uma vasta gama de aplicações potenciais para estes materiais [6]. O nosso mundo enfrenta atualmente dois grandes desafios energéticos: o primeiro é a crise energética e o segundo é o impacto ambiental resultante das formas convencionais de utilização dos recursos energéticos. O primeiro problema levou à procura de recursos energéticos alternativos, enquanto o segundo envolve a procura de melhores formas de utilização dos recursos energéticos.

Devido à diversidade das suas propriedades, as perovskitas ABO3 com diferentes estruturas constituem uma classe de materiais tecnologicamente valiosa em muitas áreas de aplicação, tais como memórias de acesso aleatório

(DRAM), memórias não voláteis, condensadores, duplicadores de frequência, sensores ultra-sónicos, sonares piezoeléctricos, tecnologia de energia, radiocomunicações, medicina e dispositivos piezoeléctricos de monitorização e segurança. A utilização de óxidos de perovskite em aplicações tecnológicas gera naturalmente um interesse permanente na compreensão das propriedades desta família de materiais. No entanto, estes materiais de perovskite à base de óxidos não apresentam caraterísticas semicondutoras favoráveis adequadas para utilização em aplicações fotovoltaicas (PV). Consequentemente, a investigação centrou-se numa classe alternativa de materiais de perovskite, especificamente perovskites halogenadas. Estas diferem das perovskitas à base de óxido pela substituição dos aniões óxido por aniões halogéneos (X = anião halogéneo, ABX3, B = catião metálico divalente, A = catião). Estes compostos demonstraram propriedades semicondutoras desejáveis para aplicações fotovoltaicas.

O domínio da energia fotovoltaica baseada em perovskitas de halogenetos metálicos atraiu um interesse significativo na última década, sobretudo devido à rápida justificação da eficiência de conversão de energia, que atualmente excede os 23% [7,8]. Exemplos notáveis neste domínio incluem os halogenetos de perovskite à base de chumbo, que se tornaram excelentes semicondutores para uma vasta gama aplicações optoelectrónicas, tais como a fotovoltaica em CsPbBn [9,10], a espetroscopia de fotoluminescência em CsPbI3 [11], os díodos emissores de luz (LED) [12,13], os lasers em MAPbX3 [14] e a deteção de fotões em FAPbX3 [15-17]. Apesar de todas estas caraterísticas fascinantes das perovskitas halogenadas, a presença de chumbo (Pb), considerado um elemento tóxico na sua composição química, tem limitado o seu desenvolvimento [18-21]. Este inconveniente é considerado um dos principais factores que limitam a sua comercialização. Para resolver o problema da toxicidade destes compostos, o objetivo é substituir o Pb2+ por outros elementos não perigosos, com vista a obter caraterísticas semelhantes para o fabrico de dispositivos optoelectrónicos sem chumbo. Os elementos químicos que potencialmente poderiam substituir o Pb^{2+} incluem catiões divalentes ou metalóides como o Ge^{2+}, o Si^{2+} ou o Sn^{2+}.

Esta tese centra-se no estudo aprofundado das propriedades estruturais, electrónicas, ópticas, elásticas, mecânicas, termodinâmicas e termoeléctricas de perovskitas CsSnX3 (X = Cl, Br) sem chumbo e amigas do ambiente.

Esta obra está dividida em :

Uma introdução geral.

Um capítulo é dedicado à discussão dos resultados obtidos a partir de cálculos efectuados com o código Wien2k no material perovskite CsSnX3 (X = Cl, Br).

Esta tese termina com um resumo dos principais resultados obtidos e a sua contribuição significativa para este domínio de investigação.

Referências :

[1] P. Hohenberg, W. Kohn, Phys. Rev. 136, 864, (1964)

[2] M. Mohammedi, Y. Naceur, A. Bentouaf, H. Rached, Stockage d'énergie 5, 6 (2023).

[3] M. Drief, H. Rached, A. Bentouaf, Y. Guermit, D. Rached, Brahim Aissa, Emerging materials 6, 359, (2023)

[4] Y. Mennad, A. Bentouaf, H. Sadok Cherif, H. Baltache, J. Supercond. Nov. Magnetisme 34 ,1941, (2021).

[5] 301,SMH Qaid, Q ul Ain, HM Ghaithan, I Mursaleen, Ahmed Ali Ahmed d, Junaid Munir Materials Science and Engineering. 117176, (2024).

[6] F.I. Ezema, U.O.A. Nwankwo, DigestJ. Nanomat.Biostruc. 5, 981, (2010).

[7] F. Igbari, Z.K. Wang, L.S. Liao, Adv. Energy Mater. 9, 1803150, (2019).

[8] M.A. Green, Y. Hishikawa, E.D. Dunlop, D.H. Levi, J. Hohl-Ebinger, A.W. Ho-Baillie, Tabelas de eficiência de células solares (versão 52), Prog. Photovoltaics Res. Appl. 26, 427, (2018).

[9] M. Kulbak, D. Cahen, G. Hodes, Physical Chemistry Letters 6, 2452 ,(2015).

[10] C.C. Stoumpos, C.D. Malliakas, J.A. Peters, Z. Liu, M. Sebastian, J. Im, Cryst. Growth Des. 13, 2722 (2013).

[11] P. Becker, J.A. M|rquez, J. Just, A. Al-Ashouri, C. Hages, H. Hempel, Adv. Energy Mater. 9, 1900555, (2019).

[12] S.D. Stranks, H.J. Snaith, Nat. Nanotechnol. 10, 391, (2015).

[13] H. Cho, S.-H. Jeong, M.-H. Park, Y.-H. Kim, C. Wolf, C.-L. Lee, , Science 350, 1222 (2015).

[14] Saunak Das, Somayeh Gholipour, Michael Saliba, ENERGY & ENVIRONMENTAL MATERIALS: 2, 2, 146, (2019).

[15] H. Zhu, Y. Fu, F. Meng, X. Wu, Z. Gong, Q. Ding, et al, , Nat. Mater. 14 ,636, (2015).

[16] L. Chu, R. Hu, W. Liu, Y. Ma, R. Zhang, J. Yang, Mater. Res. Bull. 98, 322, (2018).

[17] F. Zhang, B. Yang, K. Zheng, S. Yang, Y. Li, W. Deng, et al, Nano-Micro Lett. 43, 10, (2018).

[18] Y. Wang, X. Zhang, D. Wang, X. Li, J. Meng, J. You, et al, Engenharia composicional de perovskitas halogenadas de cátion de chumbo misto para fotodetectores de alto desempenho, ACS Applied Materials & Interfaces, 2019.

[19] A. Babayigit, A. Ethirajan, M. Muller, B. Conings, , Nat. Mater. 15, 247, (2016).

[20] A. Babayigit, D.D. Thanh, A. Ethirajan, J. Manca, M. Muller, H.-G. Boyen, et al, , Sci. Rep. 6 ,18721, (2016).

[21] N.K. Noel, S.D. Stranks, A. Abate, C. Wehrenfennig, S. Guarnera, A.-A. Haghighirad, , Energy Environ. Sci. 7, 3061, (2014).

Capítulo 1

Resultados e discussão

1. Introdução :

Neste capítulo, analisaremos e interpretaremos os resultados obtidos nos cálculos das propriedades estruturais, electrónicas, ópticas e termoeléctricas dos compostos de perovskite $CsSnX_3$*(X=Cl,Br).*

2. Detalhes do cálculo :

Neste trabalho, são adoptados cálculos do funcional da densidade no âmbito do método FP-LAPW (Full Potential Linearized Augmented Plane Wave) utilizando a aproximação do gradiente generalizado desenvolvida por Wu e Cohen **[1]**, implementada no pacote Wien2k **[2]**, para resolver a abordagem Kohn-Sham **[3]**. Esta abordagem é utilizada para avaliar as caraterísticas estruturais, electrónicas e ópticas dos compostos. A estrutura optimizada do composto foi determinada utilizando a aproximação de gradiente generalizado com o método de correlação de troca PBE-GGA **[4]**. No entanto, são utilizados novos potenciais semi-locais, referidos como TB-mBJ **[5,6]**, para melhorar a exatidão dos cálculos da estrutura de bandas. Para obter os parâmetros estruturais de equilíbrio, a energia total foi optimizada através da variação do volume da célula unitária utilizando a equação de estado de Murnaghan **[7]**. Os cálculos foram efectuados com RMT = 8, que define o tamanho da matriz necessário para obter a convergência dos valores próprios da energia. Aqui, RMT corresponde ao raio mínimo das esferas de muffin-tin (MT), enquanto Kmax representa o valor máximo do vetor de onda. Os raios das esferas de muffin-tin foram selecionados da seguinte forma: 2,5 Bohr para o Cs, 2,3 Bohr para o Sn, 2 Bohr para o Cl e 1,8 Bohr para o Br. A expansão da função de onda nas esferas atómicas é definida com um valor máximo de momento angular, lmax, especificado como 10. Os cálculos foram efectuados utilizando o esquema Monkhorst-Pack com uma grelha de k pontos de dimensões 10x10x10 **[8]**. O procedimento iterativo foi continuado até que a energia total calculada e a carga cristalina atingissem níveis de convergência inferiores a $10^{(-4)}$ Ry.

As propriedades de energia total (TE) são apresentadas utilizando o fenómeno de transporte semi-clássico de Boltzmann, um método explorado no software BoltzTrap, tal como descrito nas referências **[9-13]**. As propriedades mecânicas das perovskitas cúbicas halogenadas foram calculadas utilizando o pacote de constantes elásticas Morteza Jamal incorporado no software Wien2k **[14]**. Além disso, as propriedades termodinâmicas das perovskitas halogenadas são avaliadas utilizando o modelo quasi-harmónico, perfeitamente integrado na plataforma de software Gibbs2 **[15-17]**.

Elementos	*Z*	*Configuração eletrónica*
Cs	*55*	[Xe] 6 s^1
Sn	**50**	[Kr] 5s24d^{10}5p2

Cl	17	[Ne] 3 s^2 $3p^5$
Br	35	[Ar] 4s2 $3d^{10}$ $4p^5$

Tabela . 1: Configurações electrónicas e parâmetros utilizados.

2.a. Teste de convergência

É aconselhável testar a convergência dos parâmetros RMT*Kmax e do ponto de alta simetria K utilizados para a zona de Brillouin, que devem ser refinados para descrever o sistema estudado de forma perfeita e exacta.

RMT*Kmax	As energias E(Ryd)
3	-30706.61889198
4	-30706.76519792
5	-30707.97760746
6	-30708.30893143
7	-30708.37974143
8	-30708.39403012

Tabela .2: Variações de energia em função de R_{MT}*Kmax utilizando o GGA para a liga CsSnCl3.

RMT*Kmax	As energias E(Ryd)
3	-43873.96163973
4	-43577.43720947
5	-43578.57417992
6	-43578.98182891
7	-43579.12923149
8	-43579.17702121

Tabela .3: Variações de energia em função de R_{MT}*Kmax pelo GGA para a liga CsSnBr3.

Número de pontos	NKpt	Energias
50	4	-30708.36682584
100	4	-30708.38093897
500	20	-30708.37779445
800	35	-30708.37787724
1000	35	-30708.37815961
1200	35	-30708.37815961

Tabela. 4: Variação da energia total em função do número de pontos K especiais pelo método GGA para a liga CsSnCl3

Número de pontos	NKpt	Energias
50	4	-43579.09888590
100	4	-43579.12518321
500	20	-43579.11592033
800	35	-43579.11626221
1000	35	-43579.11818194
1200	35	-43579.11818194

Tabela 5: Variação da energia total em função do número de pontos K especiais pelo GGA para a liga CsSnBr3.

A partir dos quadros anteriores, podemos deduzir que o valor do parâmetro RMT*Kmax e Kpt escolhidos são 8 e 1000 respetivamente, estes valores dão-nos um bom resultado para todas as fases deste estudo, para o cálculo das propriedades estruturais e electrónicas do $CsSnX_3$(X=Cl, Br).

Os raios das formas de muffin são escolhidos de modo a que a região intersticial entre as esferas das formas de muffin seja tão pequena quanto possível, e os parâmetros **RMT*Kmax** e **Kpoint** utilizados no cálculo. Todos são apresentados no Quadro **.6.**

	RMT			RMT^*K_{MAX}	*Ponto K*
CsSnCl3	*Cs*	*Sn*	*Cl*		
	2.5	2.3	2	8	1000
CsSnBr3	*Cs*	*Sn*	*Br*		
	2.5	2.3	1.8	8	1000

Tabela 6: Parâmetros utilizados nos nossos cálculos para os compostos $CsSnX_3$(X=Cl,Br).

3. Propriedades estruturais e estabilidade :

3.a. Propriedades estruturais :

Os compostos de perovskite CsSnCl3 e CsSnBr3 ambos o grupo espacial 221 (Pm-3m), com os parâmetros de rede detalhados na Tabela *.8*. Na estrutura cristalina, os átomos de Cs estão posicionados nos cantos da rede (0, 0, 0), os átomos de Sn ocupam a posição central (V, V, V) e os átomos de Cl ou Br estão localizados nos centros das faces (V, V, 0), (0, V, V) e (V, 0, V). A figura 1 ilustra a configuração atómica na rede cristalina do CsSnCl3 e do CsSnBr3. Os raios de muffin-tin (MTR) utilizados nos cálculos são: 2,88 para o Cs, 2,10 para o Sn, 1,81 para o Cl e 1,96 para o Br.

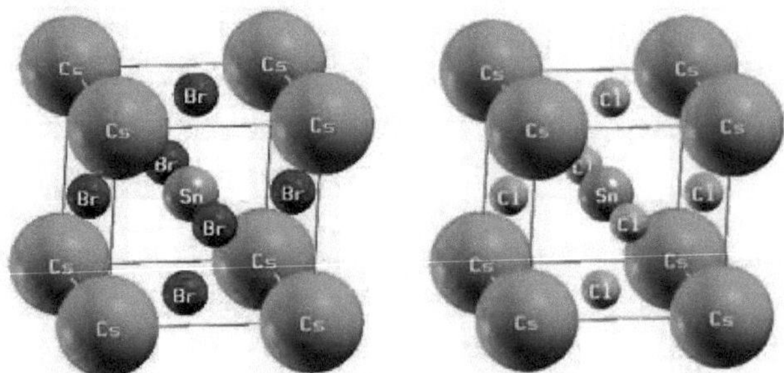

Figura 1: Malha elementar da estrutura de perovskite dos dois compostos de $CsSnX_3$(Cl, Br) estudados.

3.b. Fator de tolerância para halogenetos de perovskite :

Para avaliar a estabilidade estrutural destes materiais de perovskite halogenados, foi calculada e aplicada uma métrica denominada de tolerância (t) **[18-23]**. O fator de tolerância (t), um conceito introduzido por Goldschmidt no início da década de 1920, é utilizado para obter informações e analisar quantitativamente qual a combinação de elementos químicos que pode conduzir a uma estrutura de perovskite. Este fator de tolerância é calculado da seguinte forma **[24]**:

$$t - \frac{R_A+R_X}{\sqrt{2}(R_B+R_X)} \quad (1)$$

Aqui, rA, rB e rX representam os raios iónicos do catião no local A, do catião no local B e do anião halogeneto, respetivamente. Quando o fator de tolerância (t) é igual a 1, o composto de perovskite tem uma estrutura cristalina estável caracterizada por simetria cúbica. Os valores obtidos são apresentados na Tabela .7.

Composto	rcs	rsn	rx	**Fator de tolerância**	**Estrutura**
CsSnCl3	1.88	0.95	1.95	0.934	Estruturas de estabilização
CsSnBr3	1.88	1.10	2.16	0.919	cúbico t " 0,985 **[26]**

Tabela 7: Fator de tolerância, energia de formação calculada e estrutura cristalina dos compostos CsSnX3 (X= Cl, Br).

Um método alternativo para avaliar a estabilidade estrutural dos materiais de perovskite é avaliar o fator octaédrico **[25]**. O fator octaédrico (μ) pode ser expresso da seguinte forma **[24]:**

$$\mu = \frac{rB}{rX} \quad (2)$$

Neste contexto, rB representa o raio iónico do catião no local B, e rX denota o raio iónico do anião halogeneto. O fator octaédrico fornece informações sobre a adequação do ambiente de coordenação octaédrico na estrutura de perovskite, indicando a estabilidade do material. Os factores de tolerância (t) e octaédrico (μ) são regras heurísticas que não têm em conta as interações iónicas no interior do cristal de perovskite. Consequentemente, os limites de estabilidade dos halogenetos de perovskite ABX3 são influenciados pelas caraterísticas elementares e iónicas. Com base em um corpo substancial de pesquisas anteriores sobre perovskitas halogenadas, foi observado empiricamente que a estrutura da perovskita está dentro das faixas de parâmetros de $0,8 < t < 1,0$ **[26]** e $0,4 < \mu < 0,9$. Essas faixas empíricas são usadas referência para avaliar a estabilidade estrutural das perovskitas.

No caso das perovskitas CsSnCl3, os raios iónicos são os seguintes: Cs (1,88 Â), Sn (1,10 Â), Cl (1,81 Â), e Br (1,96 Â). Utilizando a equação (1), os factores de tolerância para o CsSnX3 foram calculados como se segue: CsSnCl3 (0,897) e CsSnBr3 (0,889). Estes resultados indicam que as perovskitas CsSnX3 têm uma estrutura estável à temperatura ambiente. O "fator octaédrico (μ)" refere-se à proporção entre o raio iónico do catião no local B e o raio iónico do anião no local X na estrutura da perovskite ABX3. É também utilizado para avaliar a adequação da estrutura de perovskite e determinar a estabilidade do material.

Para o CsSnCh: μ = 1,10 Â / 1,81 Â ~ 0,61; para o CsSnBn: μ = 1,10 Â / 1,96 Â ~ 0,56. De facto, foi revelado que, embora o fator de tolerância e o fator octaédrico desempenhem um papel importante, não são suficientes para determinar a formabilidade das perovskitas halogenadas ABX_3. As previsões para os parâmetros da rede foram deduzidas analiticamente, considerando os raios iónicos dos elementos constituintes do composto, como descrito na equação dada **[27]**. As constantes, β e γ na fórmula são derivadas empiricamente, enquanto os raios iónicos para Cs, Sn, Cl e os raios iónicos de Cs, Sn, Cl e Br são atribuídos a 1,88, 1,10, 1,81 e 1,96, respetivamente **[28]**.

3.c. Otimização :

calcular as várias propriedades estruturais, electrónicas, ópticas ou outras utilizando o código Wien2k, é necessário passar por uma série de etapas essenciais, tais como :

StructGen: Começamos por criar um ficheiro (.Struct) que contém os elementos químicos, as posições atómicas, os grupos espaciais, os raios atómicos e as formas de muffin do material em estudo. Uma vez definida a estrutura (as estruturas cristalinas dos nossos materiais são mostradas na Figura **1**), passamos à fase de inicialização do cálculo:

Inicialização: que consiste em verificar a sobreposição dos átomos, determinar a simetria, determinar a energia de separação entre os estados fundamentais e os estados de valência e a energia de corte *(Rmt*Kmax), o* número de pontos k e escolher uma aproximação para gerir os potenciais de troca e de correlação. Após este programa, passamos a :

A otimização da estrutura: é conseguida através do cálculo da energia total de diferentes volumes, que dará, após ajustamento por uma equação de estado, as seguintes propriedades estruturais: o volume de equilíbrio e o parâmetro de rede (V_0, *a*), o módulo de compressão de equilíbrio B_0 e a sua derivada B_0', a energia mínima do sistema. No nosso estudo, escolhemos a equação de estado de Birch Murnaghan **[29]** :

$$E(V) = E_0 + \frac{B_0 V}{B_0'}\left[\frac{(\frac{V_0}{V})^{B_0'}}{B_0'-1}\right] - \left[\frac{B_0 V_0}{B_0'-1}\right] \quad (3)$$

E_0: A energia do estado fundamental

B0: Módulo de compressibilidade de equilíbrio.

V_0: Volume de equilíbrio.

B'0: Derivada do módulo de compressibilidade de equilíbrio.

O módulo de compressibilidade B é determinado por :

$$B = V\frac{\partial^2 E}{\partial V^2} \quad (4)$$

A determinação dos parâmetros estruturais é necessária para caraterizar o comportamento estrutural dos compostos de $CsSnX_3$, onde X representa Cl ou Br. Neste estudo, o volume da malha unitária de cada composto de $CsSnX_3$ é ajustado com precisão para obter as caraterísticas estruturais essenciais, incluindo a constante de malha (a) em Â, o módulo de compressibilidade (B) em GPa e a sua sensibilidade à pressão (B'). Para realizar a otimização, a energia total da malha unitária para cada composto é calculada modificando sistematicamente os volumes da malha unitária. As energias calculadas são depois representadas num gráfico em função dos volumes correspondentes, utilizando a equação de estado de Birch-Murnaghan **[29]**. Uma comparação das propriedades resultantes dos dois materiais, $CsSnCl_3$ e $CsSnBr_3$, revela uma série de diferenças. Em primeiro lugar, em termos de constante de rede (a), os valores obtidos para estes parâmetros contrastam com os resultados teóricos e experimentais existentes, como apresentado na Tabela ***8***. O parâmetro (a) regista um aumento à medida que se passa do Cl para o Br. Este aumento em (a) é atribuído ao aumento das dimensões atómicas dos aniões do Cl para o Br. Os valores calculados estão em estreita concordância com os dados experimentais e as previsões teóricas existentes. Em segundo lugar, examinando o volume (v_0), verifica-se que o $CsSnBr_3$ tem um valor mais elevado de 206,320 $(Â)^3$, indicando um maior volume ocupado pela célula unitária em comparação com o $CsSnCl_3$ com um volume de 179,883 $(Â)^3$. Isto corresponde à maior constante de rede do $CsSnBr_3$, apoiando ainda mais a ideia de uma estrutura cristalina mais espaçosa. Relativamente ao módulo de compressibilidade (B), pode observar-se que o $CsSnCl_3$ tem um valor mais elevado de 21,837 GPa em comparação com o $CsSnBr_3$, com um módulo de compressibilidade de 19,245 GPa, o que implica que o $CsSnCl_3$ é relativamente menos compressível e tem uma maior resistência à pressão externa em comparação com o $CsSnBr_3$. Para além disso, os valores derivada de pressão (B') para os dois compostos são bastante semelhantes, com o $CsSnCl_3$ a ter um valor de 3,930 e o $CsSnBr_3$ a ter um valor de 3,924. Isto indica que ambos os materiais apresentam alterações idênticas na compressibilidade com o aumento da pressão. Comparando as propriedades estruturais do $CsSnCl_3$ e do $CsSnBr_3$, pode concluir-se que o $CsSnBr_3$ tem uma constante de rede e um volume maiores, indicando uma estrutura cristalina mais alargada. Além disso, o $CsSnCl_3$ tem um módulo de compressibilidade mais elevado, o que sugere uma maior resistência à compressão. Estas diferenças nos parâmetros estruturais podem ter implicações nas propriedades mecânicas e físicas dos materiais.

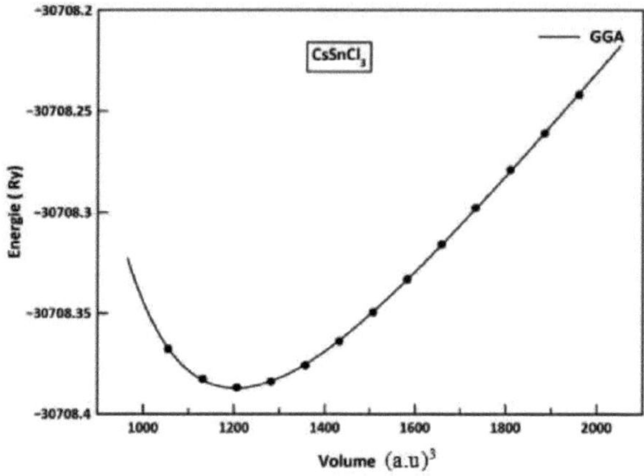

Figura. 2: Variação da energia total em função do volume para o CsSnCl3 usando GGA

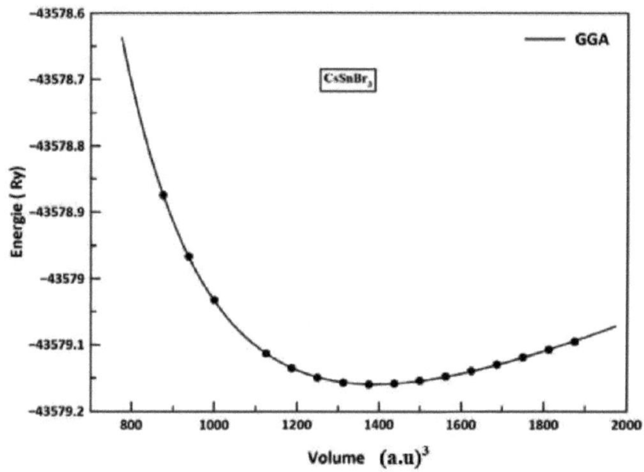

Figura. 3: Variação da energia total em função do volume para o CsSnBr3 usando o GGA.

Composto		*a* (Â)	*Vo* (Â^3)	*B* (GPa)	*B'*
CsSnCl3	Os nossos cálculos	5.6458	179.883	21.837	3.930
	Expt. **[30]**	5.614	176.747	-	-
	Theo. **[31]**	5.628	178.263	-	-
	Theo. **[32]**	5.490	165.469	27.68	3.81
	Theo. **[33]**	5.55	170.9	27	-
CsSnBr3	Os nossos cálculos	5.9094	206.320	19.245	3.924

Expt. **[34]**	5.804	195.516	-	-
Theo. **[32]**	5.709	186.072	25.19	4.67
Theo. **[33]**	5.792	194.31	22	-

Tabela 8: Os parâmetros estruturais de equilíbrio, incluindo a constante de rede (a), o módulo de compressibilidade (B) e a sua derivada (B'), foram calculados utilizando o método GGA (Generalized Gradient Approximation). Estes valores foram depois comparados com os resultados experimentais (Expt.) e teóricos (Theo.) para os compostos CsSnCl3 e CsSnBr3.

De acordo com os resultados apresentados na Tabela ***.8***, observa-se que, utilizando a aproximaÃÃo GGA, o parÃmetro de rede Ã igual a 5,6458 Â para o composto CsSnCh, e 5,9094 Â para o segundo composto CsSnBn. Estes valores estão em forte concordância com os valores determinados experimentalmente **[30,34]** e teoricamente **[31-33]**.

4. Propriedades elásticas :

A compreensão das propriedades elásticas dos materiais reveste-se de uma importância significativa tanto na investigação fundamental como nas aplicações práticas, nomeadamente na compreensão dos mecanismos de ligação atómica e na investigação aplicada, em que os sistemas têm de ser concebidos para aplicações específicas. Além disso, as propriedades elásticas permitem prever a evolução de outras propriedades através das suas variações. O domínio em que a relação entre força e deformação é linear e reversível é designado por domínio elástico, onde as deformações são pequenas e o sólido regressa à sua forma original quando a força é removida. A lei de Hooke estabelece que a deformação (sj) é diretamente proporcional à tensão aplicada σî **[35].** A constante de proporcionalidade dá os módulos elásticos Cij **[36].** Esta lei é dada pela seguinte relação:

$\sigma i = Cij\varepsilon j \quad (i, j = 1, 2, \wedge 3)$ (5)

Para cristais cúbicos, as constantes elásticas aplicáveis, incluindo a compressão longitudinal (c_{11}), a expansão transversal (c_{12}) e o módulo de cisalhamento (c_{44}), são derivadas utilizando o método de tensão. Este método envolve a introdução de uma pequena quantidade de tensão numa rede não deformada. Os valores calculados de Cij obtidos a partir dos nossos cálculos actuais para o CsSnX3 são apresentados na Tabela **.9**. Os parâmetros elásticos mostram uma diminuição à medida que os raios iónicos dos halogenetos nas perovskitas CsSnX3 se tornam maiores, como ilustrado na Fig. ***4.***

Parâmetro elástico	СЙИЙэ	CsSnBrj
Cll	44.Ü75	41 49
	11322	3.147
C44	5.603	4.93S
B	22.91	1926
Y	23.Ü2	21 66
G	β.64	325
Gv	9.71	9.63
G_B	7.56	6.37
N	0.33	031
A	0.35	Ü.3Ü
Qa-C"	6.72	3.21
B/G	2.65	2.33
T-shirt	793.53	773.25

Tabela 9: As constantes elásticas incluindo c_{11}, c_{12} e c_{44} (medidas em GPa), o módulo de

de compressibilidade (B, em GPa), o módulo de cisalhamento (G, em GPa), o módulo de Young

(Y, em GPa), o rácio de Poisson (ν), a pressão de Cauchy (c_{12}-c_{44}, em GPa), o rácio de Pugh (B/G)

(B/G), a anisotropia (A) e a temperatura de fusão (T_M, em Kelvin, K) foram determinadas para os compostos de perovitreo

determinados para os compostos de perovskite $CsSnX_3$ (X = Cl e Br).

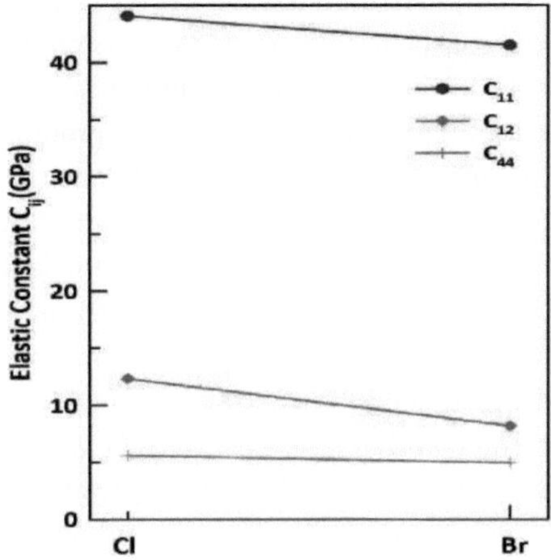

Figura. 4: Constantes elásticas c_{11}, c_{12} e c_{44} para $CsSnX_3$ (X = Cl, Br).

5. Propriedades mecânicas :

Os parâmetros elásticos desempenham um papel crucial na avaliação das propriedades mecânicas dos materiais e são essenciais para garantir a estabilidade mecânica necessária de um sistema cúbico. Os critérios de estabilidade mecânica **[37,38]** para uma estrutura cúbica de CsSnX3 excedem os limiares especificados das constantes elásticas, como se segue: $C_{11} + 2C_{12} > 0$, $C_{11} > 0$, $C_{44} > 0$, $C_{11} - C_{12} > 0$. Todos os compostos examinados satisfazem os critérios de estabilidade mecânica. Para além disso, as propriedades mecânicas específicas, incluindo o módulo de compressibilidade (B), o módulo de cisalhamento (G) e o módulo de Young (Y), podem ser calculadas utilizando estas constantes elásticas. As ligações entre estas propriedades mecânicas e as constantes elásticas são ilustradas nas equações (6)-(10), tal como descrito nas referências **[39-42]**. A resistência do material à deformação sob tensão de cisalhamento é definida pelo módulo de cisalhamento, como explicado nas equações (6)-(8). De acordo com Hills [63], G_V, G_R e G representam os módulos de cisalhamento de Voigt **[40]**, Reuss **[43]** e médio, respetivamente. A relação envolvendo o módulo de compressibilidade B, conforme apresentado na equação (6), ilustra a capacidade do material de resistir a mudanças de volume. O módulo de elasticidade subsequente, o módulo de Young Y, é influenciado tanto pelo módulo de compressibilidade B como pelo módulo de cisalhamento G, conforme explicado na equação (9). Este módulo caracteriza o comportamento do material durante o alongamento e a compressão é caracterizada módulo de Young, em que um valor mais elevado indica uma maior rigidez do composto. A Tabela **9** apresenta os valores de B, G e Y para o CsSnX3. Examinando os dados, torna-se claro que, dos dois compostos, o CsSnCl3 tem os valores mais elevados para B, G e Y (6,7,8,9,10). Com um aumento do raio iónico do terceiro elemento no perovskite CsSnX3, há uma diminuição correspondente nos valores de B, G e Y.

$$B = \frac{(C_{11} + 2C_{12})}{3}$$

$$G_v = \frac{1}{5}(C_{11} - C_{12} + 3C_{44})$$

$$G_R = \frac{5(C_{11} - C_{12})C_{44}}{3(C_{11} - C_{12}) + 4C_{44}}$$

$$G = \frac{G_V + G_R}{2}$$

$$Y = \frac{9BG}{(3B + G)} \quad (6\text{-}10)$$

Foram calculados parâmetros mecânicos adicionais, incluindo o rácio de Poisson, o rácio de Pugh, a anisotropia, a pressão de Cauchy e parâmetros termodinâmicos como a temperatura de fusão, que são apresentados na Tabela **9**. O rácio de Poisson descreve a interação das forças de ligação entre os átomos. A sua relação (ν) com B e G é articulada através da Equação (11). Espera-se que o coeficiente de Poisson se situe entre 0,25 e 0,50, com valores de 0,1 para uma ligação covalente, 0,25 para uma ligação metálica e 0,33 para uma ligação iónica. O CsSnCl3 e o CsSnBr3 apresentam uma ligação iónica. Os valores calculados do coeficiente de Poisson são 0,33 e 0,31 para o CsSnCl3 e o CsSnBr3, respetivamente.

$$\nu = \frac{3B - 2G}{2(3B + G)} \qquad (11)$$

A pressão de Cauchy (C_{12} - C_{44}) fornece informações valiosas sobre o comportamento dúctil ou frágil de um material. Os valores positivos indicam uma natureza dúctil, enquanto os valores negativos implicam uma caraterística frágil do material. O rácio Pugh (B/G) é outro parâmetro que caracteriza o comportamento dúctil ou frágil do material. Descreve a gama de plasticidade cristalina, de acordo com o critério de Pugh **[44]**. Se B/G > 1,75, o material é considerado dúctil; caso contrário, é frágil. Examinando os valores calculados da pressão de Cauchy e do rácio B/G nas Tabelas **.9**, podemos deduzir que o CsSnX3 tem um valor positivo de pressão de Cauchy e um rácio B/G superior a 1,75. Estes resultados indicam um comportamento dúctil e a capacidade do material para se deformar facilmente.

A anisotropia elástica (A) tem uma importância considerável na engenharia e no fabrico, uma vez que desempenha um papel crucial na identificação de microfissuras e irregularidades estruturais num material. Um desvio do valor de 1 (unidade) indica a presença de propriedades anisotrópicas no composto. O valor de A, determinado pela fórmula da Equação (12) abaixo, é apresentado na Tabela **.9** para o CsSnX3 (X = Cl e Br). Os valores de A obtidos são inferiores à unidade, indicando um carácter anisotrópico.

$$A = \frac{2C_{44}}{C_{11} - C_{12}} \qquad (12)$$

Para além disso, outro parâmetro notável que pode ser determinado utilizando as constantes elásticas é a temperatura de fusão do material (T_m). Fine et al **[45]** introduziram uma equação que prevê a temperatura de fusão com um coeficiente de determinação de 87% para estruturas cúbicas. A forma dependente de C11 desta equação (13) é a seguinte:

$$T_m = 553 + (5.911)C_{11} \quad (13)$$

Os valores de Tm para o CsSnX3 (X = Cl, Br) são apresentados na Tabela **9**. Estes valores mostram uma tendência decrescente à medida que o raio iónico do elemento "X" aumenta no composto.

6. Propriedades electrónicas :

Esta secção descreve como interpretar algumas propriedades electrónicas importantes. importância disto é que as propriedades destes materiais podem ser analisadas e compreendidas para uma utilização óptima. Estas propriedades incluem a estrutura de bandas de energia, a densidade de estados e a densidade de carga.

6. 1. Estruturas de bandas electrónicas :

Foram efectuados cálculos auto-consistentes para estudar as caraterísticas electrónicas do CsSnX3 (Cl, Br) na fase cúbica. A figura. **5** mostra a primeira zona de Brillouin da estrutura cúbica e as estruturas de banda dos dois compostos estudados são mostradas nas Figs. ***6*** e *7.* As estruturas de banda foram calculadas usando pontos de alta simetria na estrutura cúbica, com uma referência de energia zero alinhada com o nível de energia de Fermi. As nossas estimativas foram efectuadas utilizando a aproximação GGA, bem como as abordagens mBJ, devido à sua precisão na previsão do valor do intervalo de banda que está próximo do valor experimental. A partir das Figuras ***6*** e *7,* pode ver-se que os compostos CsSnCl3 e CsSnBr3 apresentam um intervalo de banda reto no ponto de simetria elevado R, com um valor de energia de intervalo de banda de 1,041 eV utilizando PBE-GGA e 1,630 eV usando (GGA + mBJ), em concordância direta com a previsão teórica **[33]**, enquanto os valores de bandgap para o CsSnCl3 são 0,675 eV usando PBE-GGA e 1,106 eV usando (GGA + mBJ). No caso do CsSnCl3 e do CsSnBr3, também se observou que a abordagem (GGA + mBJ) deu um valor de bandgap que se aproxima dos valores experimentais, medindo cerca de 2,8 eV e 1,75 eV, respetivamente **[46].** Comparando os nossos resultados com outros dados experimentais (ver Tabela **.10)**, observa-se uma boa concordância para os compostos CsSnCl3 e CsSnBr3, o que pode ser atribuído aos diferentes métodos de cálculo utilizados (GGA + mBJ). A tabela mostra uma redução nos valores de bandgap do CsSnCl3 para o CsSnBr3. Esta diminuição do intervalo de energia pode ser atribuída ao fenómeno em que as bandas de condução se aproximam do nível de Fermi (EF) à medida que passamos do cloro (Cl) para o bromo (Br). A diminuição global do intervalo de energia da banda está alinhada com um enfraquecimento geral ligações químicas, resultando num efeito de fracionamento ligação-anti-ligação reduzido. Finalmente, a Tabela 3 apresenta os valores do intervalo de energia obtidos utilizando diferentes potenciais de troca e fornece uma comparação com dados de outros estudos experimentais e teóricos **[46],[32],[33].**

Composto	**Eg (eV)**

	Trabalho atual		Outras obras	
	GGA	**(GGA + mBJ)**	Exp	Théo
CsSnCl3	1.041	1.630	2.8 **[46]**	0.99 **[32]** 0.283, 0.699 **[33]**
CsSnBr3	0.675	1.106	1.75**[46]**	0.3 **[32]** 0.285, 0.459 **[33]**

Tabela 10: Os valores do intervalo de energia calculados para o CsSnCl3 e o CsSnBr3 foram comparados com os dados experimentais e teóricos existentes.

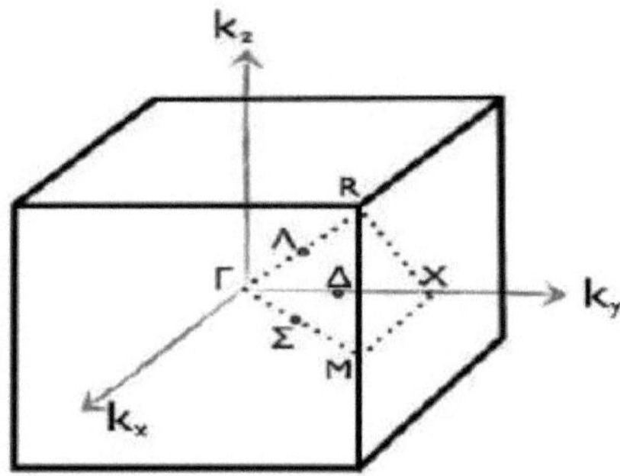

Figura. 5: Primeira zona de Brillouin da estrutura cúbica, os pontos de elevada simetria são : Γ (0,0,0), R (0.5, 0.5, 0.5), X (0, 0.5,0), e M (0.5, 0.5,0)

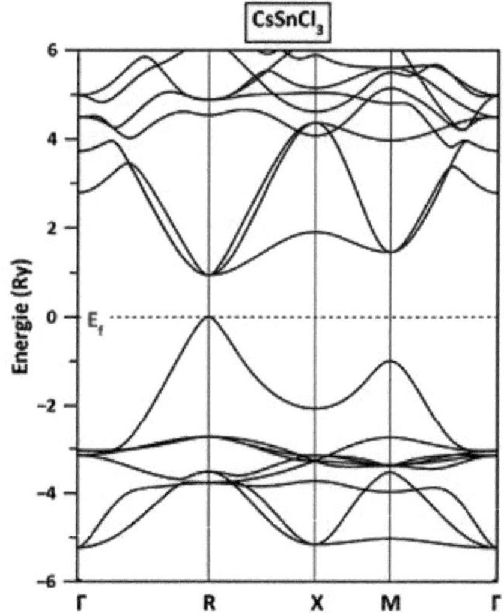

Figura 6: Estrutura de banda do CsSnCl3 calculada usando a aproximação mbj+GGA.

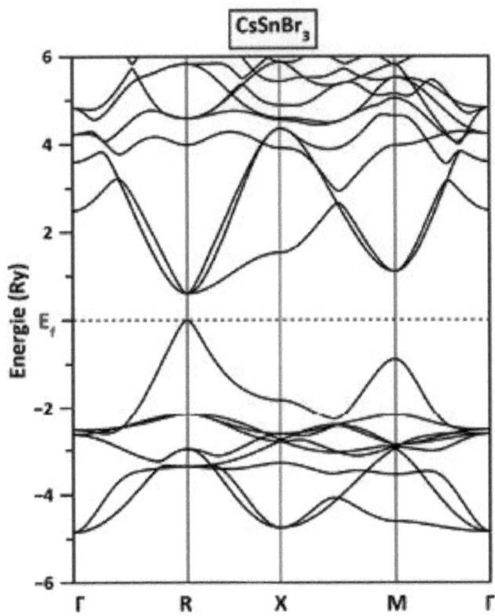

Figura 7: Estruturas de banda do CsSnBr3 calculadas usando a aproximação mbj+GGA.

2.2 Densidade de estados (DOS) :

A densidade de estados (DOS) é um parâmetro físico crucial para compreender as caraterísticas físicas de um material, e muitas propriedades de transporte são derivadas da DOS. Além disso, pode fornecer informações sobre as caraterísticas das ligações químicas nos materiais e, consequentemente, sobre a transferência de carga entre átomos. As figuras. ***8 e.9*** ilustram a densidade eletrónica total de estados (TDOS) e a densidade parcial de estados (PDOS) calculadas para os compostos CsSnBn e CsSnCh, respetivamente. A densidade de estados pode fornecer mais informações sobre caraterísticas do intervalo de banda eletrónica. As densidades de estados totais e parciais para o CsSnCh e o CsSnBn são apresentadas nas Figuras ***8 e 9***. As caraterísticas gerais da densidade total de estados (TDOS) são consistentes em ambos os compostos. No entanto, durante a transição de catiões de cloro (Cl) para catiões de bromo (Br), há uma deslocação das bandas abaixo das bandas de valência e de condução para o nível de Fermi. Observando a Figura 6, podem observar-se duas regiões principais: a primeira região situa-se na banda de valência, estendendo-se de -4,5 eV a 0 eV, e inclui os estados s e p do átomo de Sn, bem como o estado p do átomo de Cl. A segunda região situa-se na banda de condução, estendendo-se de 1,2 eV a 10 eV, e é composta principalmente pelos estados p e d do átomo de Sn e dos átomos de Cs, com uma pequena contribuição do estado p do átomo de Cl. A Figura 7, por outro lado, mostra a densidade de estados total e parcial para o CsSnBr3, onde duas regiões principais podem ser observadas: a primeira região está localizada na banda de valência, estendendo-se de -4,5 eV a 0 eV, e é composta pelos estados s e p do átomo de Sn e pelo estado p do átomo de Br.

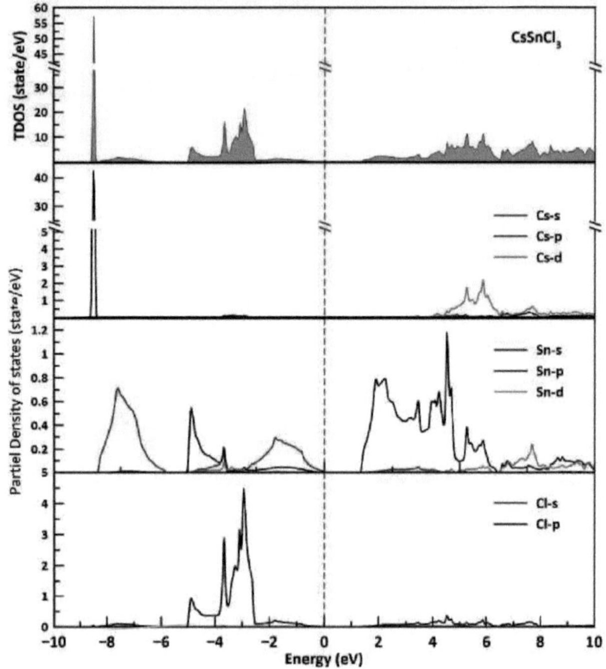

Figura 8: As densidades de estado total e parcial do CsSnCl3.

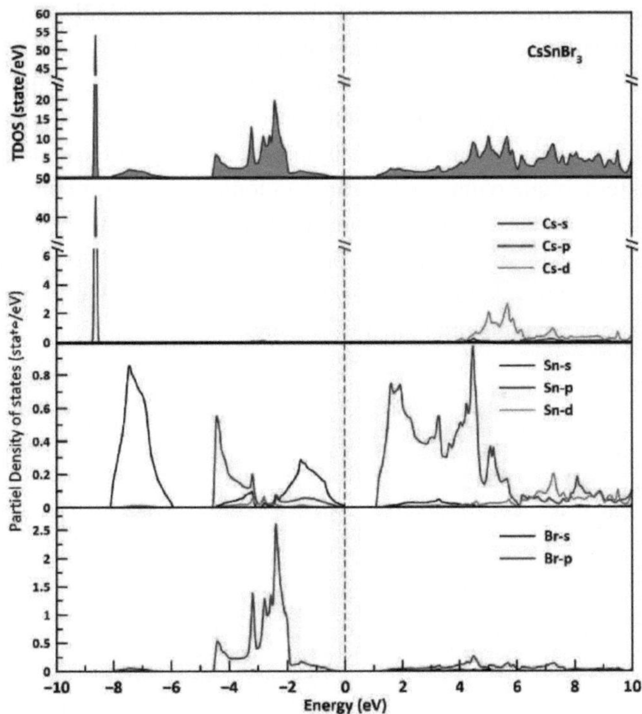

Figura 9: As densidades de estado total e parcial do $CsSnBr_3$.

6. 3. Densidade de carga :

Após o estudo estrutural, é importante dar uma descrição da estrutura eletrónica que reflicta a diferença na natureza da ligação química entre os nossos diferentes compostos. Por isso, é necessário optar por uma técnica que dê acesso à distribuição de cargas electrónicas. A densidade de carga é uma ferramenta complementar para obter uma boa compreensão da estrutura eletrónica do sistema em estudo **[47]**. A Figura *10* mostra as distribuições de carga ao longo dos dois planos principais (110) e (100), para os nossos compostos $CsSnCl_3$, $CsSnBr_3$. Estes dois planos permitem-nos considerar a ligação entre Sn e X=(Cl,Br) no plano 110, e a ligação entre Cs e X=(Cl,Br) no plano 100. Ao traçar a densidade de carga eletrónica dos compostos CsSnCl3 e CsSnBr3 (X= Cl, Br) no plano (110), ver que existe uma interação entre as cargas de Sn e X (X= Cl, Br) devido à hibridação entre as orbitais p do Sn e as orbitais p do halogéneo X. Aqui, podemos ver que a acumulação máxima de carga ocorre em torno do elemento Cl para ambos os planos, enquanto a sua depleção ocorre em torno do átomo/elemento Sn. Por outras palavras, a sobreposição de nuvens de electrões entre estes dois elementos indica uma ligação covalente **[32]**. Este canal de distribuição de carga apoia fortemente a natureza da ligação covalente que existe entre os átomos Sn-Cl e Sn-Br. Por outro lado, no plano (100) podemos observar a distribuição de carga quase esférica em torno dos halogéneos X e dos átomos do catião Cs. Pode ser visto que a distribuição de carga em torno dos átomos é quase uma esfera, o que é um sinal de ligação iónica e pode ser comparado com as perovskitas relatadas anteriormente **[32]** . Consequentemente, podemos concluir que a ligação entre X e Cs é principalmente iónica. Assim, de tudo o que foi dito, podemos deduzir que as ligações do CsSnX3 (X= Cl, Br) são caracterizadas por uma mistura iónica-covalente.

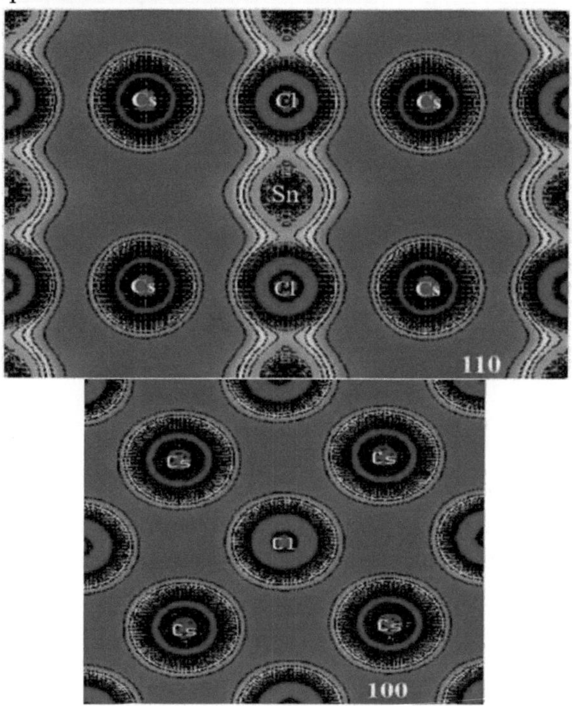

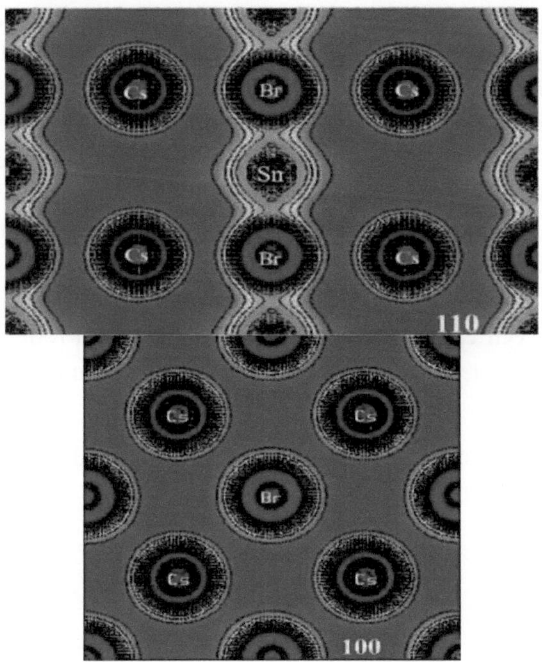

Figura 10: Densidade de carga de dois compostos CsSnCl3 e CsSnBr3 (110), (100).

Este facto confere-nos um elevado nível de durabilidade e torna estes materiais candidatos promissores para dispositivos fotovoltaicos. Além disso, como o intervalo de banda destes materiais pode ser facilmente ajustado através da alteração das espécies atómicas de halogéneo, estes compostos podem também ser utilizados em díodos emissores de luz (LED) **[48].**

Propriedades ópticas

7. Propriedades ópticas :

A energia solar é um recurso energético ecológico vital com grande potencial para a produção sustentável de eletricidade. As células solares, enquanto tecnologia-chave para o aproveitamento da energia solar, são concebidas para converter a luz solar em eletricidade utilizável. O desempenho de uma célula solar depende muito do seu coeficiente de absorção, que mede a capacidade do material da célula para absorver a energia da luz. Um coeficiente de absorção elevado é crucial para maximizar a eficiência das aplicações de células solares. No software Wien2k, as propriedades ópticas contribuem significativamente para a compreensão e análise do comportamento dos materiais sob a interação da luz.

As propriedades ópticas calculadas com o Wien2k fornecem informações valiosas sobre a resposta dos materiais a diferentes comprimentos de onda e energias de luz. As caraterísticas ópticas calculadas, incluindo propriedades como o coeficiente de absorção, a refletividade, o índice de refração e a condutividade ótica, facilitam a análise da forma como os materiais interagem com a luz e o desenvolvimento de dispositivos optoelectrónicos eficientes. Estas propriedades ópticas são essenciais para compreender os mecanismos fundamentais e melhorar o desempenho dos materiais em várias aplicações ópticas e electrónicas.

Os parâmetros ópticos, incluindo as componentes real $\varepsilon_1(\omega)$ e imaginária $\varepsilon_2(\omega)$ das funções dieléctricas, o coeficiente de absorção(ω), a refletividade R^) e a condutividade ótica σ(ω), são calculados através das seguintes equações **[49,50]**:

$$\varepsilon(\omega)=\varepsilon_1(\omega)+i\varepsilon_2(\omega) \quad (14)$$

Onde $\varepsilon_1(\omega)$ e $\varepsilon_2(\omega)$ são as partes real e imaginária da função dieléctrica, respetivamente.

$$\varepsilon_1(\omega)=1+\frac{2}{\pi}P\int_0^{\infty}\frac{\omega'\varepsilon_2(\omega')}{\omega'^2-\omega^2}d\omega'$$

$$\varepsilon_2(\omega)=\frac{2e^2\pi}{\Omega\varepsilon_0}\sum_{k,v,c}|\psi_k^c|u.r|\psi_k^v|^2\delta(E_k^c-E_k^v-E)$$

$$\alpha(\omega)=\sqrt{2}\omega\left[\sqrt{\{\varepsilon_1(\omega)\}^2+\{\varepsilon_2(\omega)\}^2}-\varepsilon_1(\omega)\right]^{12}$$

$$R(\omega)=\left|\frac{\sqrt{\varepsilon(\omega)}-1}{\sqrt{\varepsilon(\omega)}+1}\right|^2$$

$$\sigma(\omega)=\frac{\omega\varepsilon_2}{4\pi} \quad (15\text{-}19)$$

7.1. Função dieléctrica :

Para calcular com exatidão as propriedades ópticas, é essencial um número substancial de pontos k. No nosso estudo, efectuámos uma integração sobre a zona de Brillouin utilizando um conjunto de 3000 k-points. As Figuras *11* e *12* ilustram as variações da parte real $\varepsilon_1(\omega)$ e da parte imaginária $\varepsilon_2(\omega)$ da função dieléctrica no intervalo de energia 0-26 eV para os dois materiais estudados, CsSnCl3 e CsSnBr3. A partir desse gráfico, extraímos os valores estáticos da função dielétrica real, que estão detalhados na Tabela. **11**. Os nossos valores calculados estão muito próximos dos valores reportados noutros estudos teóricos. Com cerca de 4,9 (unidades arbitrárias), inicia-se o espetro da parte real $\varepsilon_1(\omega)$ para o CsSnCl3 e 6 (unidades arbitrárias) para o CsSnBr3, respetivamente. Em seguida, uma diminuição do espetro à medida que a energia do fotão diminui, atingindo 14,6 eV para o CsSnCl3 e 14,3 eV para o CsSnBr3. O valor máximo nesta região é de 1,9 eV para o CsSnCl3 e 1,2 eV para o CsSnBr3.

	CsSnCl3	CsSnBr3	
ε1 (0)	4.937	5.996	Os nossos cálculos
	4.140	7.491-7.07	**[32] - [51]**
n (0)	2.222	2.448	Os nossos cálculos
	2.194	2.769	**[32]**
R (0)	0.143	0.176	Os nossos cálculos
	0.145	**0.216**	**[32]**

Tabela .11 Os valores estáticos da função dieléctrica verdadeira, do índice de refração e da refletividade para o CsSnCl3 e o CsSnBr3 comparados com os valores relatados noutros estudos.

Relativamente à parte imaginária da função dieléctrica ε2(ω), como ilustrado na Figura.*11* .a, a energia de limiar (E0) é observada em torno de 1,8 eV para o CsSnCl3 e 1,6 eV para o CsSnBr3. Estes valores representam os bandgaps ópticos fundamentais e correspondem aos gaps de energia determinados na secção anterior, que inclui estruturas de bandas electrónicas e densidades de estados electrónicos. Além disso, os espectros de propriedades ópticas dos dois compostos examinados apresentam vários conjuntos de picos, principalmente resultantes de diferentes transições electrónicas. Estas transições envolvem os estados de valência ocupados, incluindo os estados s e p do átomo de Sn e o estado p do átomo de Br, que transitam para os estados da banda de condução, que incluem os estados p e d dos átomos de Sn e Cs, respetivamente. Os nossos espectros de propriedades ópticas são consistentes com os estudados por Hayatullah e colegas **[32]**.

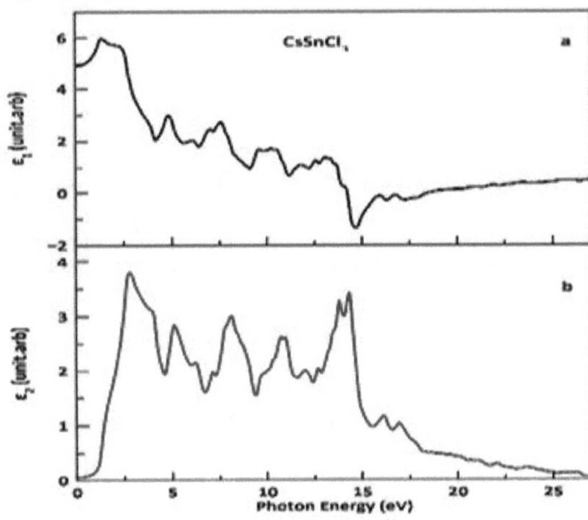

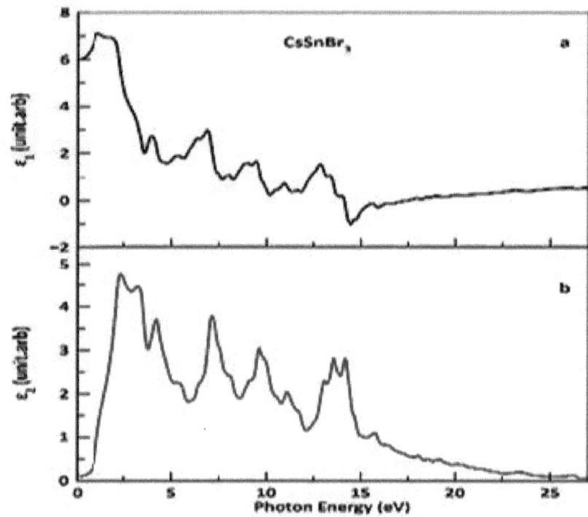

Figura.11 Duas partes real e imaginária função dieléctrica ε (ω) dos compostos CsSnCl3 e CsSnBr3

7. 2. O índice de refração :

O índice de refração de um material é geralmente dado na sua forma real *n*. O índice de refração complexo é formulado da seguinte forma

$$\mu = n + iK = \varepsilon^{1/2} = \left(\varepsilon_1 + i\varepsilon_2\right)^{1/2} \qquad (20)$$

Onde *n* é a parte real do índice de refração e *K* é o de extinção, a partir das duas partes real e imaginária da função dieléctrica, $\varepsilon_1(\omega)$ e $\varepsilon_2(\omega)$, o índice de refração e o coeficiente de extinção podem ser determinados pelas seguintes fórmulas

$$n(\omega) = \left[\frac{\sqrt{\varepsilon_1^2(\omega)+\varepsilon_2^2(\omega)}}{2} + \frac{\varepsilon_1(\omega)}{2}\right]^{1/2} \qquad (21)$$

$$k(\omega) = \left[\frac{\sqrt{\varepsilon_1^2(\omega)+\varepsilon_2^2(\omega)}}{2} - \frac{\varepsilon_1(\omega)}{2}\right]^{1/2} \qquad (22)$$

Para baixas frequências (ω ~ 0) a relação (20) passa a ser: *n* (0) = ^ε *(0)*. O índice de refração representa a taxa de transmissão da radiação monocromática no material e está diretamente relacionado com o valor médio do material. O coeficiente de extinção do material é uma medida da capacidade do material para absorver ondas electromagnéticas. O índice de refração de um material é habitualmente encontrado na sua forma real, indicado por n. As curvas que representam estes componentes são mostradas na Figura *12* para os dois compostos CsSnCl3 e CsSnBr3. A análise destas propriedades mostra que a forma das curvas é semelhante para os dois materiais devido à semelhança das suas estruturas cristalinas, com exceção de um ligeiro desvio de energia correspondente à diferença nos intervalos de bandas dos materiais. Várias

conclusões podem ser tiradas destas curvas. Os valores do índice de refração estático, denotados por n(0), são 2,222 para o CsSnCl3 cúbico e 2,448 para o CsSnBr3, como **se** mostra na Tabela *11*. O valor do índice de refração diminui com a diminuição da energia, atingindo 2,4 para o CsSnCl3 e
2,75 para o CsSnBr3. O valor máximo do índice de refração observado no espetro corresponde uma energia de 1,9 eV para o CsSnCl3 e de 2 eV para o CsSnBr3. O valor máximo do coeficiente de extinção é de 14,8 eV para o CsSnCl3 e de 14,9 eV para o CsSnBr3.

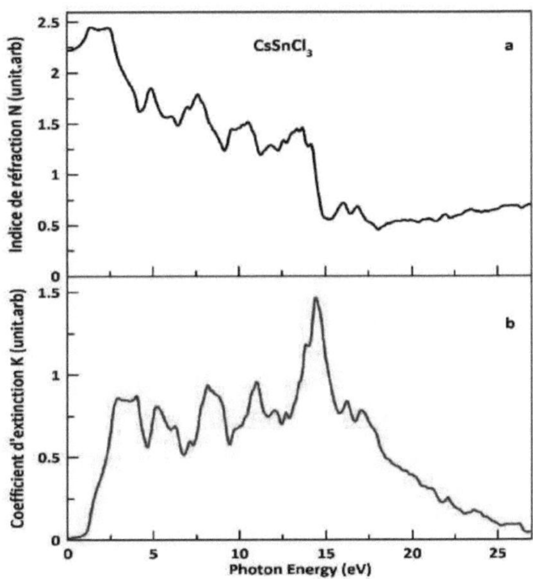

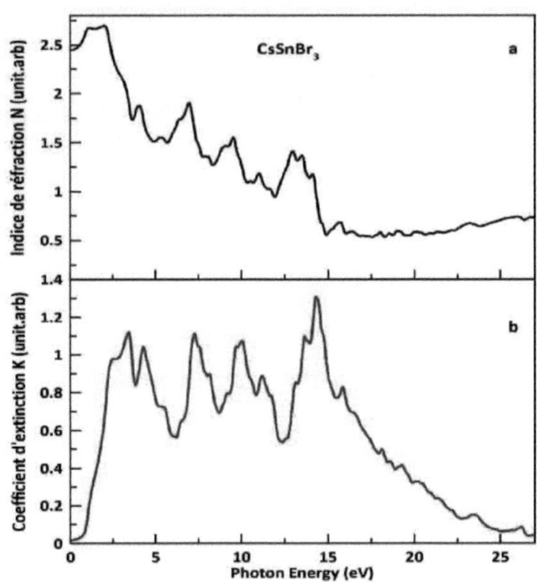

Figura. 12: Índice de refração n(ω) e coeficiente de extinção k(o) dos compostos CsSnCl3 e CsSnBr3

7.2. Coeficiente de absorção e condutividade :

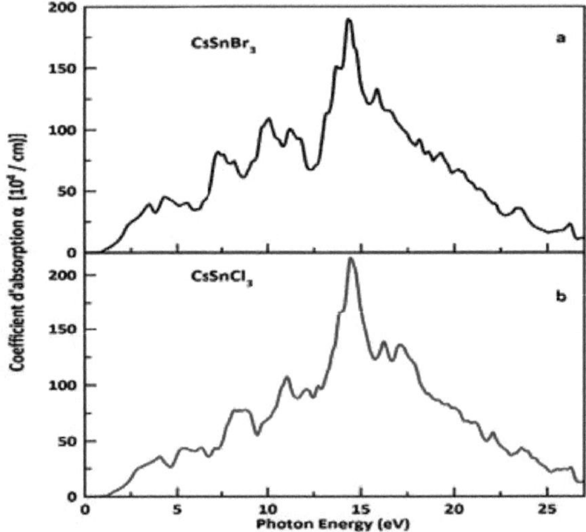

Figura 13: O coeficiente de absorção α (ω) dos compostos CsSnCh, CsSnBr3

Na Figura *13*, são apresentados os espectros do coeficiente de absorção dos dois compostos ternários CsSnCl3 e CsSnBr3 na gama de energia (1-27) eV. A curva revela claramente concentrações de pico em cerca de 14,4 eV para o CsSnCl3 e 14,2 eV para o CsSnBr3. A partir desta figura, podemos determinar com exatidão o valor da energia de bandgap (Eg), que representa a energia de limiar. Após esta energia limite, inicia-se a absorção dos dois materiais. A absorção significa a transição de electrões do máximo da banda de valência para o mínimo da banda de condução. Pode concluir-se que os materiais estudados, CsSnCl3 e CsSnBr3, são reconhecidos como semicondutores de intervalo de banda direta e apresentam intensidades de absorção mais elevadas, principalmente no espetro visível. Este facto é consistente com os compostos absorventes utilizados em células solares **[47]**, onde demonstraram um coeficiente de absorção substancial superior a 10^4 cm^{-1} gama de comprimentos de onda visível. No espetro de condutividade ótica, a Figura 14 mostra vários picos correspondentes diferentes transições electrónicas que ocorrem desde o máximo da banda de valência até ao mínimo da banda de condução. O pico máximo está localizado a 14,2 eV para o CsSnCl3 e a 14 eV para o CsSnBr3.

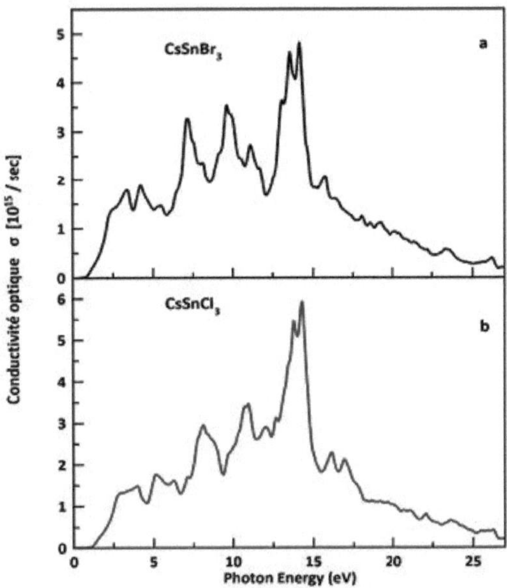

Figura. 14: A parte real da condutividade ótica (σ) dos compostos CsSnCl3, CsSnBr3.

7. 4. Refletividade :

O espetro de refletividade é um parâmetro muito importante que caracteriza o desempenho refletido nas interfaces dos sólidos; é uma função do índice de refração e é dado da seguinte forma

$$R(\omega) = \frac{(n-1)^2 + K^2}{(n-1)^2 + K^2} \qquad (23)$$

A progressão dos espectros de refletividade em função da energia é mostrada na Fig. *15 para* os compostos CsSnCl3 e CsSnBr3. Esta curva de refletividade ilustra claramente que a refletividade começa na frequência zero (0 eV) e aumenta com o aumento da energia do fotão, atingindo finalmente o seu valor máximo em cerca de 14,8 eV para o CsSnCl3 (Rmax = 0,425 a.u), enquanto que para o CsSnBr3, o máximo é observado em 14,6 eV (Rmax = 0,36 a.u). Os valores obtidos para a refletividade estática são : R (0) = 0,143 a.u para o CsSnCl3 e R (0) = 0,176 a.u para o CsSnBr3 (ver Tabela *11*), estes resultados são consistentes com os resultados obtidos noutros estudos teóricos **[32]**. Com base nestes resultados, os nossos materiais estudados são semicondutores e são potencialmente bons candidatos para utilização nos domínios do ultravioleta e do visível.

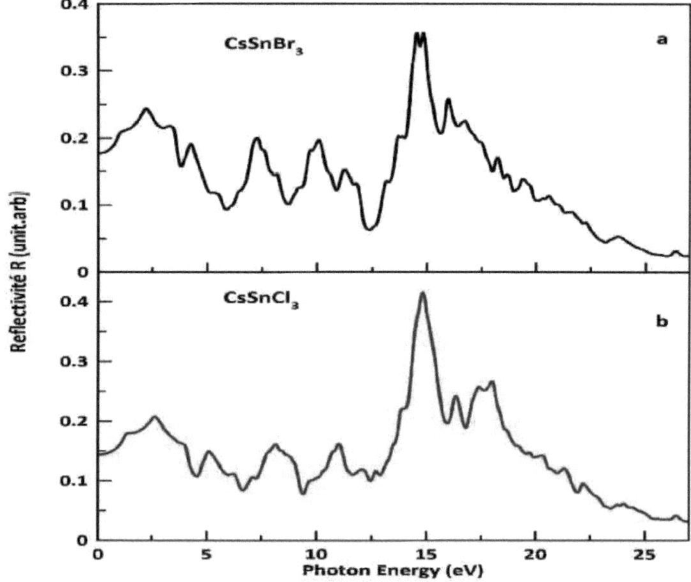

Figura. **15:** Espectro de refletividade dos compostos CsSnCl CsSnBr

7. 5. A função de perda de energia :

O cálculo da função de perda é utilizado prever a diminuição da energia dos fotões devido a transições electrónicas rápidas **[52]**. Este cálculo está intimamente ligado à função dieléctrica pela seguinte relação **[53]** :

$$L(\omega) = \frac{\varepsilon_2(\omega)}{\varepsilon_1^2(\omega) + \varepsilon_2^2(\omega)} \qquad (24)$$

O espetro de perda de energia em função da energia do fotão é apresentado na figura **16** . A função de perda de energia é um parâmetro ótico importante, tendo em conta as aplicações dos dispositivos ópticos, que caracteriza a dissipação de energia de um eletrão de alta velocidade ao atravessar um material, mantendo-se coerente com a frequência do plasma. A partir da curva, podemos ver claramente que estas perdas mostram um aumento significativo acima de uma energia limiar de 12 eV e mostram flutuações até 19 eV para (Br) e 20 eV para (Cl). Em particular, picos plasmónicos mais largos (perda máxima de energia), ou seja, 2,8 e 2,9, são detectados a níveis de energia de 19 eV e 20 eV para o CsSnBr3/Cl3, respetivamente, como se mostra na Figura **16**, o que corresponde à redução súbita dos espectros de refletividade R^) e ao ponto de cruzamento zèro da parte real $\varepsilon_1(\omega)$. Estas perdas plasmónicas são significativamente negligenciáveis em comparação com os picos de absorção detectados nos compósitos examinados.

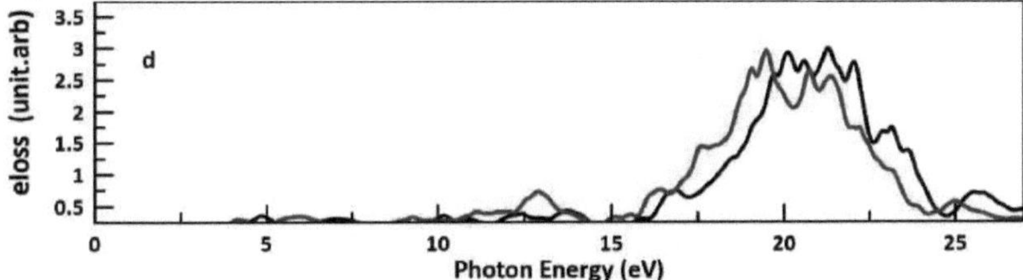

Figura 16: Perda de energia L para os materiais CsSnCl3 e CsSnBr3 em diferentes níveis de energia.

8. Propriedades termodinâmicas :

Para explorar as caraterísticas térmicas do CsSnCl3 e do CsSnBr3 em condições de alta pressão e temperatura, foi utilizado o programa Gibbs **[15]**. As propriedades termodinâmicas foram estudadas numa vasta gama de pressões de 0 a 20 GPa e temperaturas de 0 a 700 K. A compreensão da capacidade térmica fornece informações detalhadas sobre os atributos vibracionais de uma substância. Os resultados calculados para a capacidade calorífica (cv) em função da temperatura para os compostos CsSnCl3 e CsSnBr3 em determinadas temperaturas (T) e pressões (P) são mostrados na Figura.**17**, revelando que *cv* aumenta com $^{T(л)}3$ **[54]** em temperaturas mais baixas. À medida que a temperatura aumenta, cv está em conformidade com o modelo de Debye e converge para o limite de Dulong-Petit **[55]**. Isto implica que, a alta temperatura, a energia térmica estimula todos os modos de fonões. A alta temperatura, cv aproxima-se de 124,5 J/moi-K.

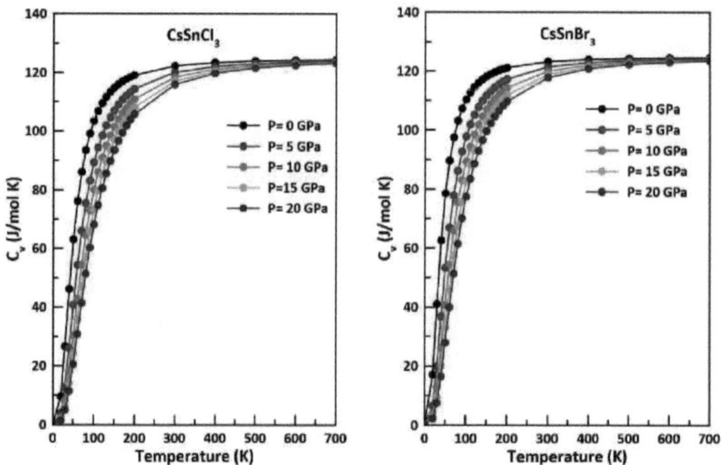

Figura .17 Gráfico da capacidade calorífica em função da temperatura a pressão constante para os materiais de perovskite CsSnX3 (X = Cl e Br).

A constante de Grüneisen (γ) descreve os efeitos anarmónicos dentro da rede oscilante e reflecte a dependência da temperatura de Debye do volume (Θ). Além disso, γ pode prever eficazmente as caraterísticas anarmónicas de um material. A Figura.**18** ilustra como γ muda com a temperatura e a pressão. γ permanece relativamente estável de 0 K a 100 K, e depois mostra um aumento linear para T > 100 K à medida que a temperatura aumenta. As nossas previsões revelam uma rápida diminuição da constante de Grüneisen com o aumento da pressão, mantendo os valores de temperatura constantes. Para além disso, as constantes de Grüneisen calculadas para o CsSnCl3 e o CsSnBr3 à temperatura à pressão ambiente e à pressão zero são 2,236 e 2,246, respetivamente.

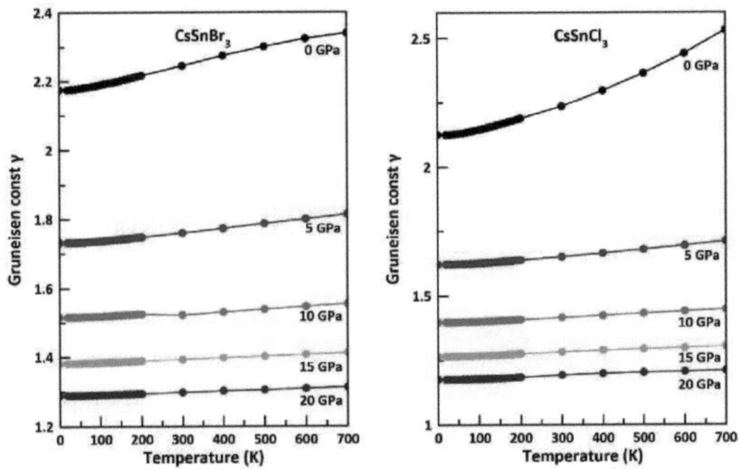

Figura .18 Ilustração da variação da constante de Grüneisen em função da temperatura a pressão constante para os materiais de perovskite CsSnX3 (X = Cl e Br).

A temperatura de Debye (Θ) é um parâmetro chave que define as propriedades térmicas dos sólidos. Indica a temperatura a que os cristais exibem um comportamento clássico, em que as vibrações térmicas se sobrepõem aos efeitos quânticos. A Figura **19** ilustra a variação da temperatura de Debye Θ com a temperatura a diferentes pressões fixas. Θ permanece relativamente estável no intervalo 0-100 K, mostrando depois uma diminuição linear com o aumento da temperatura. A uma temperatura constante, a temperatura de Debye aumenta com o aumento da pressão. Os valores de Θ calculados à pressão zero e à temperatura ambiente são 187,72 K para o CsSnCl3 e 149,96 K para o CsSnBr3, respetivamente.

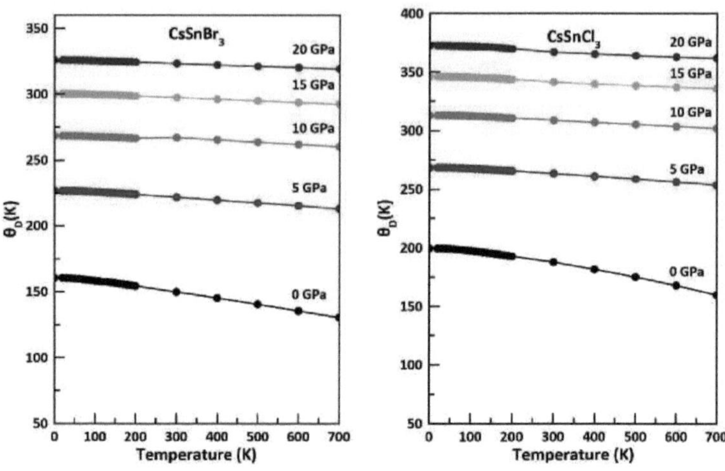

Figura . 19. Temperatura de Debye versus temperatura para valores de pressão constante para os compostos de perovskite CsSnX3 (X = Cl e Br).

Os valores de Θ reportados diminuem à medida que o raio iónico do halogeneto aumenta, indicando que o modelo de Debye quase-harmónico é uma alternativa razoável para incorporar efeitos térmicos nos cálculos sem impor exigências computacionais significativas. Com o aumento da pressão, a capacidade térmica e a constante de Grüneisen diminuem progressivamente, enquanto a temperatura de Debye segue uma tendência oposta em condições de temperatura constante. Do ponto de vista da temperatura, com pressão constante, a capacidade térmica e a constante de Grüneisen aumentam com o aumento da temperatura. A Figura **20** apresenta gráficos da entropia dependente da temperatura (S), mostrando um aumento exponencial da entropia com a temperatura (T) a pressão constante. A entropia diminui com a pressão, o que implica que uma pressão mais elevada conduz a uma maior ordenação do material. valores de entropia determinados para o CsSnCl3 e o CsSnBr3 à temperatura ambiente e à pressão atmosférica são, respetivamente, 225,96 J/mol-K e 253,54 J/mol-K.

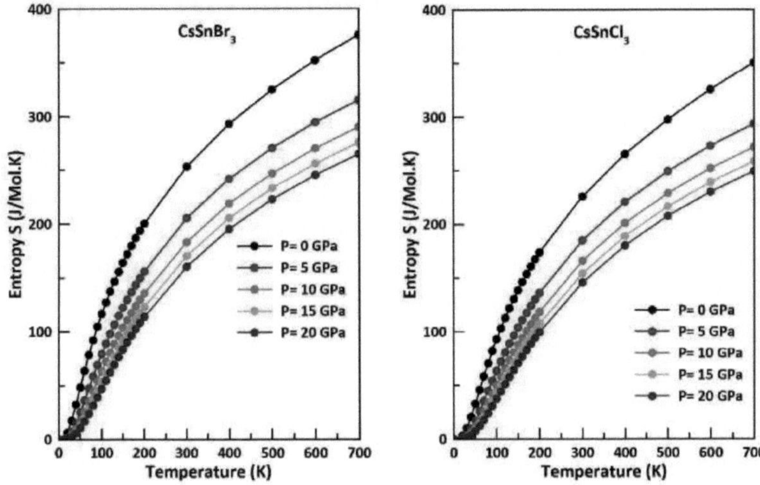

Figura.20 Ilustração da variação da entropia em função da temperatura para valores constantes de pressão para os compostos de perovskita CsSnX3 (X = Cl e Br).

9. Propriedades termoeléctricas :

Nesta secção, o nosso estudo foi alargado para calcular as propriedades termoeléctricas utilizando o fenómeno de transporte semi-clássico de Boltzmann **[9-11]**, que foi implementado através do código BoltzTrap **[12,13]**. A figura de mérito (ZT) é derivada da avaliação do coeficiente de Seebeck (S), bem como da razão entre a condutividade térmica eletrónica e o tempo de relaxação (κ/τ) e da razão entre a condutividade eléctrica e o tempo de relaxação (σ/τ). Estas quantidades são calculadas utilizando as seguintes expressões:

$$ZT = \frac{S^2 \sigma T}{\kappa} \tag{25}$$

O princípio fundamental da produção de eletricidade baseia-se na transformação física direta do calor em energia eléctrica. Por isso, os cientistas esforçam-se por criar materiais com caraterísticas termoeléctricas desejáveis, tais como baixa condutividade térmica (κ), elevada condutividade eléctrica (σ) e coeficiente de Seebeck (S) favorável, tudo com o objetivo de atingir uma elevada figura de mérito (ZT). Na Figura **21**, são apresentadas as curvas dos parâmetros termoeléctricos calculados para o composto CsSnCl3 a diferentes temperaturas: 300 K, 600 K e 900 K. A análise destas curvas leva às seguintes observações: os valores do coeficiente de Seebeck diminuem com o aumento da temperatura. Os valores máximos são cerca de 1750 μv/K a T = 300K para um potencial químico μ - μ0 = - 0,05 eV (tipo p) e - 1750 μv/K para um potencial químico μ - μ0 = 0,05 eV (tipo n).

A partir da curva de condutividade eléctrica, verifica-se que os valores máximos atingem 6,8 (1(.)^{A}2(M")-m-s) a um potencial químico μ - μ0 = 2,3 eV, e que a condutividade mínima é nula a μ - μ0 = 0 no intervalo (- 0,625, 0,625). Os resultados obtidos para a condutividade térmica em função do potencial químico para os compostos estudados são mostrados na Figura.**21**. A partir destas curvas, verifica-se que os valores da condutividade térmica aumentam com o aumento da temperatura. A elevada condutividade térmica dos materiais indica que estes são adequados para aplicações termoeléctricas **[55]**. O parâmetro crítico é a figura de mérito (ZT), que atinge o seu valor máximo de 0,99 a μ - μ0 = 0,1 eV, próximo do nível de Fermi, e em condições de temperatura ambiente.

A Figura **22** mostra as curvas dos parâmetros termoeléctricos calculados para o composto CsSnBr3 a diferentes temperaturas (300 K, 600 K e 900 K). A análise dessas curvas leva às seguintes observações: os valores do coeficiente de Seebeck (S) diminuem com o aumento da temperatura. Os valores máximos são cerca de 1250 μv/K a T = 300K para um potencial químico μ - $_{\mu o}$ = - 0,06 eV (tipo p), e - 1250 LIV/K para um potencial químico μ - μ0 = 0,06 eV (tipo n). A condutividade eléctrica máxima atinge 6,75 (1(.)^A2(M")-m-s) a um potencial químico μ - μo = 2,25 eV, enquanto a condutividade mínima é zero a um potencial químico μ - μ0 = 0 na gama (- 0,625, 0,5). As curvas de condutividade térmica versus potencial químico para os compostos estudados são mostradas na Figura.**22**. A partir dessas curvas, pode-se observar que os valores de condutividade térmica aumentam com o aumento da temperatura. A elevada condutividade térmica dos materiais indica que estes são adequados para aplicações termoeléctricas **[56]**. Em conclusão, a figura de mérito (ZT) mostra uma coincidência: pico com o seu valor máximo (ZT = 0,98) em μ - μo = 0,24 eV, perto do nível de Fermi, e em condições de temperatura ambiente. Estes resultados podem servir de referência para futuros protocolos teóricos e experimentais, contribuindo para a inovação de novos dispositivos termoeléctricos **[5760]**.

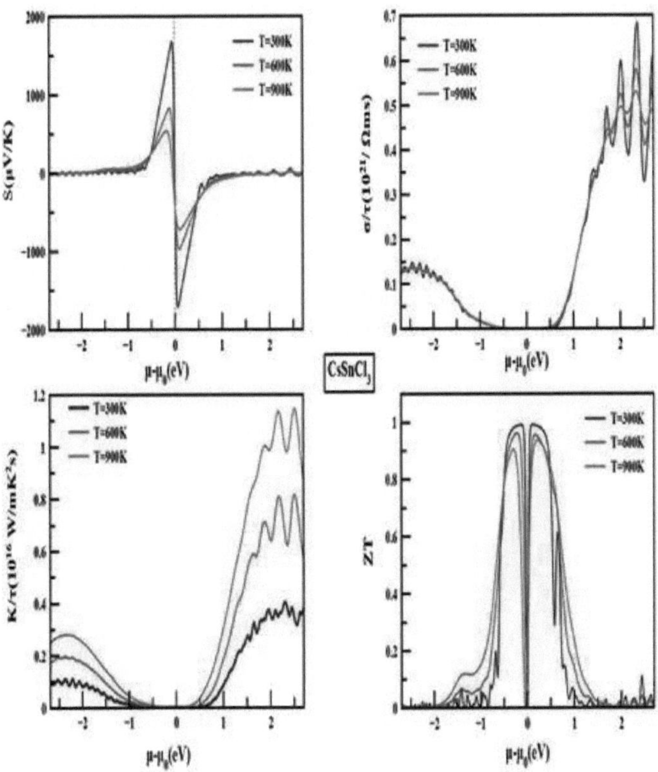

Figura 21: Variação do coeficiente de Seebeck (S), da condutividade eléctrica σ/τ, da condutividade térmica κ/τ e da figura de mérito (ZT) em função do potencial químico do CsSnCl3

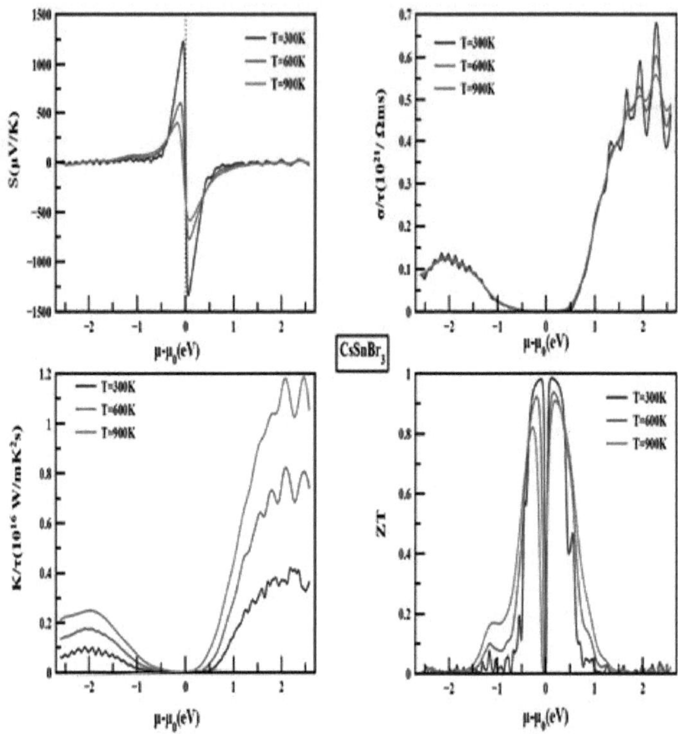

Figura .22: Variação do coeficiente de Seebeck (S), da condutividade eléctrica σ/τ, da condutividade térmica κ/τ e da figura de mérito (Zt) em função do potencial químico. condutividade térmica κ/τ e índice de mérito (ZT) em função do potencial químico do CsSnBr3

Referências

[1] Z. Wu, R.E. Cohen, Phys. Rev. B 73, 235116 (2006).

[2] P. Blaha, K. Schwarz, G. Madson, D. Kvasnicka, J. LUITZ, Guia do utilizador, WIEN2k, Universidade de Tecnologia de Viena, Áustria, 2002.

[3] W. Kohn, L.J. Sham, Phys. Rev. 140 ,A1133 (1965).

[4] J.P. Perdew, K. Burke, M. Ernzerhof, Phys. Rev. Lett. 77, 3865 (1996).

[5] F. Tran, P. Blaha, Phys. Rev. Lett. 102, 226401 (2009).

[6] A.D. Becke, E.R. e Johnson, , Chem. Phys. 124 ,221101 (2006).

[7] F.D. Murnaghan, Proceedings of the National Academy of Sciences USA 30 (1944) 5390.

[8] H.J. Monkhorst, J.D. Pack, Phys. Rev. B 13 (1976) 5188.

[9] P. Allen, Boltzmann theory and resistivity of metals, Kluwer Int. Ser. Eng. Comput. Sci (1996) 219-250.

[10] J.M. Ziman, Electrons and Phonons: the Theory of Transport Phenomena in Solids, Oxford University Press, 2001.

[11] C. Hurd, The Hall Effect in Metals and Alloys, Plenum Press, 1972.

[12] G.K.H. Madsen, D.J. Singh, Um código para calcular quantidades dependentes da estrutura da banda, BoltzTraP, Comput. Phys. Commun. 175 (1) (2006) 67-71.

[13] G.K.H. Madsen, J. Carrete, M.J. Verstraete, BoltzTraP2, Comput. Phys. Commun. 231, 140 (2018) .

[14] M.A. Jamal, Pacote para o cálculo de tensores elásticos de fases cúbicas utilizando a derivada de segunda ordem com o pacote WIEN2k, 2013.

[15] M.A. Blanco, E. Francisco, V. Luana, GIBBS:, Física Computacional Comunicações 158 (1) ,57 (2004) .

[16] A. Otero-De-La-Roza, D. Abbasi-P'Erez, V. Luana, ~ Gibbs2: Computational Physics Communications 182 (10), 2232, (2011) .

[17] A. Otero-De-La-Roza, V. Luana, ~ Gibbs2:, Computational Physics Communications 182 (8) ,1708 (2011) .

[18] R.E. Brandt, et al, MRS Commun 5 ,265, (2015).

[19] A. Swarnkar, V.K. Ravi, A. Nag, Para além dos nanocristais de perovskite de halogeneto de chumbo de césio coloidal: halogenetos metálicos análogos e dopagem, ACS Energy Lett. 2 (2017) 1089-
1098.

[20] D.N. Dirin, Nano Lett. 16 ,5866, (2016).

[21] A. Buin, Nano Lett. 14, 6281 , (2014).

[22] S.T. Brinck, I. Infante, ACS Energy Lett. 1 (6) (2016) 1266-1272.

[23] L.K. Ono, E.J. Juarez-Perez, Y. QI, , ACS Appl. Mater. Interfaces 9 30197, (2017).

[24] V.M. Goldschmidt, Natur wissen schaften 14 (21), 477 (1926).

[25] H. Huang, et al, ACS Energy Lett. 2 ,2071, (2017).

[26] M.A. Green, A. Ho-Baillie, H.J. Snaith, , Nat. Photonics 8 ,506 , (2014).

[27] R. Ubic, J. Am. Ceram. Soc. 90; (10), 3326 (2007).

[28] C. Li, X. Lu, W. Ding, L. Feng, Y. Gao, Z. Guo, . Sect. B Struct. Sci. 64, (6), 702, (2008).

[29] F. Birch, , J. Appl. Phys. 9, (4), 279 (1938).

[30] A.K. Deb, V. Kumar, AIP Adv. 5 ,77158, (2015).

[31] Hongzhe WEN, Xuan LUO, Appl. Sci. 11 , 6862, (2021).

[32] G. Murtaza Hayatullah, S. Muhammad, S. Naeem, M.N. Khalid, A. Manzar, , Ata Phys. Pol, A 124 102, (2013).

[33] Liaqat ALI, Murad AHMAD, Muhammad SHAFIQ, Tahir ZEB, Rashid Ahmad, M. Maqbool, Iftikhar Ahmad, S. Jalali-Asadabadi, Bin Amin, Mater. Today Commun. 25 (2020) 101517.

[34] Jin-Cheng Zheng, C.H.A. Huan, A.T.S. Wee, M.H. Kuok, Surf. Interface Anal. 28 (1999) 81-83.

[35] C. KITTEL, Física do Estado Sólido, 7ª edição, Dunod, Paris, 1998.

[36] N.W. Ashcroft, N.D. Mermin, Physique des solides, EDP Science, 2002.

[37] T.M. Bhat, D.C. Gupta, RSC Adv. 6, (83), 80302,(2016) .

[38] G.V. Sin'ko, N.A. Smirnov, J. Phys. Condens. Matter 14 (29), 6989 , (2002)

[39] M.J. Mehl, B.M. Klein, A. Dimitri, Papaconstantopoulos. Compostos Intermetálicos: Princípio e Prática. I. Principles, John Wiley and Sons, Hoboken, New Jersey, 1995, pp. 195-210.

[40] W. Voigt, Lehrbuch Der Kristallphysik" (Manual de Física dos Cristais), BG Teubner, Leipzig e Berlim, 1928.

[41] E. Schreiber, O.L. Anderson, N. Soga, J.F. Bell, Elastic Constants and Their Measurement, vol. 42, McGraw-Hill, Nova Iorque, 1975, pp. 747-748.

[42] R. Hill, , Proc. Phys. Soc. 65 (5) 349, (1952) .

[43] A.J.Z.A.M.M. Reuss, Z. Angew. Math. Mech. 9 49 (1929).

[44] S.F. Pugh, Xcii. London Edinburgh Philos Mag J Sci 45 ,367, 823 (1954)

[45] M.E. Fine, L.D. Brown, H.L. Marcus, Scripta Metalurgica 18 , 951(1984)

[46] L. Peedikakkandy, P. Bhargava, RSC Adv. 6, 19857, (2016).

[47] H. Jin, J. Im, A.J. Freeman, Phys. Rev. B 86 ,121102, (2012).

[48] T. Nishio, J. Ahmad, H. Uwe, Phys. Rev. Lett. 95 ,176403 (2005).

[49] H. Jin, J. Im, A.J. Freeman, Phys. Rev. B 86, 121102 ,(2012).

[50] M.A. Hadi, R.V. Vovk, A. Chroneos, J. Mater. Sci. Mater. Electron. 27, 11925, (2016).

[51] M.G. Brik, Solid State Commun. 151, 1733, (2011).

[52] A.H. Reshak, Z. Charifi, H. Baaziz, J. Solid State Chem. 183,1290, (2010).

[53] S. Saha, T.P. Sinha, A. Mookerjee, Phys. Rev. B 62 ,8828 , (2000).

[54] M.A. Blanco, Tese de Doutoramento, Universidad de Oviedo, Espanha (1997).

[55] P. Debye, Ann. Phys. 39 (4) (1912) 789.

[56] H.A.R. Aliabad, M. Ghazanfari, I. Ahamd, A. Saeed, Compostos", Comput. Mater. Sci. 65 509 (2012).

[57] P. Kumari, S.A. Dar, R. Sharma, V. Srivastava, Eur Phys J Plus 1371(2022 .

[58] R. Yadav, A. Srivastava, R. Sharma, et al, J. Solid State Chem. 313, 123266

(2022).
[59] R. Sharma, A. Dey, S.A. Dar, V. Srivastava, Comput Theor Chem 1204 ,113415 (2021).
[60] M. Berrahal, A. Bentouaf, H. Rached, R. Mebsout, B. Aissa, Mater. Sci. Semicond. Process. 134 ,106047, (2021).

Conclusão

Esta investigação centrou-se nas caraterísticas estruturais, electrónicas, ópticas, elásticas, mecânicas, termodinâmicas e termoeléctricas de materiais de perovskite cúbica sem chumbo, em particular os que envolvem os halogenetos CsSnX3 (Cl, Br). A energia de correlação de troca foi gerida utilizando a aproximação do gradiente generalizado (GGA), empregando a abordagem GGA + mBJ modificada por Tran e Blaha, designada "TB- mBJ". Estas aproximações têm como objetivo melhorar a precisão dos cálculos de bandgap e resolver as limitações da DFT no tratamento dos estados excitados. Relativamente às caraterísticas estruturais, os nossos cálculos envolveram a determinação do parâmetro de equilíbrio da rede (a), o módulo de compressão de equilíbrio (B) e o volume unitário de equilíbrio (V). É interessante notar que os nossos resultados estão de acordo com os dados experimentais e teóricos existentes na literatura anterior, destacando a eficiência do software de cálculo Wien2k e a fiabilidade dos cálculos ab initio. No que diz respeito às propriedades electrónicas, foi calculada a estrutura de bandas dos dois compostos CsSnX3 (Cl, Br). Os resultados indicam que estas substâncias possuem caraterísticas de semicondutores de bandgap direto, com valores de bandgap de 1,63 eV (GGA + mBJ) para o CsSnCl3 e de 1,106 eV (GGA + mBJ) para o CsSnBr3, orientados na direção R -- R. A análise da densidade de carga sugere que a ligação no CsSnX3 (X = Cl, Br) é caracterizada por mistura iónica-covalente. Outra caraterística notável destes materiais sem chumbo é a sua excelente absorção de luz e condutividade ótica. As caraterísticas ópticas indicam a potencial aplicabilidade do CsSnCl3 e do CsSnBr3 nos espectros ultravioleta e visível, o que implica a sua adequação para utilização em vários dispositivos, tais como painéis solares, fotodetectores ultravioleta e outras aplicações optoelectrónicas. Os materiais estudados demonstraram estabilidade mecânica e termodinâmica, satisfazendo os critérios essenciais. São mecanicamente estáveis e quebradiços. Além disso, a análise dos resultados das propriedades de transporte mostra que estes materiais apresentam um nadir de condutividade térmica e eléctrica próximo do nível de Fermi, o que se traduz, em última análise, numa eficiência máxima. Para além disso, é de notar que os dois compostos estudados apresentaram os seus valores máximos de coeficiente de Seebeck a 300 K, tendo estes valores apresentado uma tendência decrescente com o aumento da temperatura. À temperatura ambiente, o CsSnX3 (Cl, Br) apresentou uma figura de mérito próxima da unidade, indicando a sua promessa para potenciais aplicações na tecnologia termoeléctrica. Estamos, portanto, convencidos de que os materiais de perovskite sem chumbo baseados no halogeneto CsSnX3 (Cl, Br) oferecem grandes perspectivas para aplicações optoelectrónicas e termoeléctricas devido às suas notáveis propriedades físicas e à sua natureza amiga do ambiente. Isto torna-os muito atractivos para aplicações industriais.

Printed by Books on Demand GmbH, Norderstedt / Germany